第①回 CAR検
自動車文化検定
解答＆解説
2級・3級
全200問

第1回
CAR検
自動車文化検定
解答＆解説
Illustration＝綿谷 寛
2級・3級
全200問

Contents
目次

自動車文化検定概要 ——————— 5

3級 模擬問題と解説 ——————— 7

2級 模擬問題と解説 ——————— 111

クルマを知れば、世界がわかる——
CAR検で自動車知識をブラッシュアップ！

「自動車文化検定＜Licensing Examination of Culture of Automobile and Road Vehicle＞（CAR検）」は日本初の本格的な自動車文化全般にわたる検定試験です。

　自動車についての正確な知識を持ち、これからの自動車文化の発展に資するために実施されます。

　自動車を愛するすべての人々にとって自分の知識のレベルを測る指標となります。また、自動車に関わる仕事に従事する方にとっては、スキルを向上させるための道しるべとなります。

　第1回は2007年10月14日に、東京・大阪・名古屋の3都市で実施されました。のべ4000人近くの受験者があり、3級は77.52％、2級は15.93％の合格率でした。平均点は、3級が77点、2級が59点です。

　本書では、第1回で出題された3級・2級の全問題と解答を収録し、さらに詳細な解説を加えています。CAR検受験の準備にお役立てください。

自動車文化検定委員会

CAR検公式サイト
http://car-kentei.com

第1回 CAR検 3級 解答＆解説

CAR検 **3級概要**

出題レベル	クルマが大好き、 運転大好き、 クルマを見ると 即座に車名が言える初級カーマニア
受験資格	車を愛する方ならどなたでも。 年齢、経験等制限はありません。
出題形式	マークシート4者択一方式100問。 100点満点中70点以上 獲得した方を合格とします。

Question 001

次の写真のうち、トヨタ自動車のクルマは？

①

②

③

④

解説　①はスバル360。②はトヨペット・クラウン。③はプリンス・スカイライン・スポーツ。④はホンダS500。発売年は、それぞれ1958年、1955年、1962年、1964年。
答：② トヨペット・クラウン

Point　名前やスペックを覚えているだけでは、クルマを知っているとはいえない。名車といわれるクルマは実物を見る機会をつくって、目に焼き付けておきたい。

Question 002

VDC（ヴィークル・ダイナミクス・コントロール）と
同じものを意味するのは？
①ESC
②ETC
③ECU
④HID

解説　ESCはエレクトリック・スタビリティ・コントロール。ETCはエレクトリック・トール・コレクション・システム。ECUはエンジン・コントロール・ユニット。HIDはハイ・インテンシティ・ディスチャージ。

横滑り防止装置には各メーカーによってさまざまな名が付けられており、VSC（Vehicle Stability Control）、VSA（Vehicle Stability Assist）、DSC（Dynamic Stability Control）などがある。どれも基本構造は同じで、ABSやトラクションコントロールを統合制御して車両の姿勢を安定させる機構である。

答：① ESC

Point　自動車用語にはアルファベット3文字から4文字の略語が多くある。混同しやすいものもあるので代表的なものは丸暗記すること。

Question 003

1966年にプリンス自動車と合併したメーカーの名は？
①日産
②トヨタ
③ホンダ
④三菱

解説 1965年に乗用車の輸入自由化が決定し、東京オリンピックによる景気もかげりが表れ、当時の通産省は自動車業界再編成をすすめた。

これを受け、上級車種を中心に生産していたプリンスは、日産に吸収合併されることになった。　　　　**答：① 日産**

Point 乗用車メーカーが吸収合併される形で姿を消した日本ではまれな例だ。

Question 004

1955年に発表され、その未来的なスタイリングと画期的な油圧制御システムで注目を集め、1975年まで製造されたモデルは?
①**クライスラー300**
②**シトロエンDS**
③**ブリストル405**
④**ポルシェ356A**

解説 　1955年のパリサロンで発表されたDSは、フラミニオ・ベルトーニによる宇宙船を思わせるデザインが人々の興味を惹き付け、会場で購入希望が殺到する騒ぎとなった。

未来的だったのは形だけではなく、その機構もまた進んだものであった。油圧で作動するハイドロニューマチックの採用である。

高圧オイルでサスペンションを制御するという、他に例を見ない先進的なシステムで、ブレーキやパワーステアリングにも利用されていた。

答：② シトロエンDS

Point 　シトロエンDSはカー・オブ・ザ・センチュリーで3位に選ばれているほどの重要なクルマ。出題される確率は高い。

Question 005

映画『卒業』で、ダスティン・ホフマンやサイモンとガーファンクルらとともに一躍有名になったアルファロメオは次のうちどれ?

① ジュリエッタ・スパイダー

② スパイダー・デュエット

③ スパイダー・ヴェローチェ

④ スパイダー3.0 V6 24V

解説 マイク・ニコルズ監督の名作『卒業』は1967年の公開で、1966年に登場したスパイダー・デュエットを主人公ベンジャミンのクルマとして使っている。

デザインはピニンファリーナによるもので、ボートテールと呼ばれる丸いリアエンドが特徴だった。1968年のモデルチェンジにより、リアは垂直に切り落とされた形のコーダ・トロンカとなった。

なお、デュエットという名は一般公募により付けられた名称である。

答:② スパイダー・デュエット

Point 『卒業』といえば教会のラストシーンと赤いデュエットを思い出すという人も多い。クルマが印象的な使われ方をする映画の古典だから、観ておいて損はない。

Question 006

いすゞがかつてノックダウン生産していたモデルは？

| ①オースチンA40 |
| ②ヒルマン・ミンクス |
| ③ルノー4CV |
| ④ジープ |

解説 オースチンA40を日産、ヒルマン・ミンクスをいすゞ、ルノー4CVを日野、ジープを三菱がノックダウン生産していた。

いすゞはイギリスのルーツグループと技術提携し、1953年からヒルマン・ミンクスの生産を始めた。当初はパーツを輸入して組み立てていたが次第に国内での製造を増やし、57年には完全国産化を達成した。64年まで生産が続けられ、吸収した技術はベレットに生かされることになる。

答：② ヒルマン・ミンクス

Point ノックダウン生産は戦後の自動車産業の揺籃となった重要な事項。組み合わせはすべて記憶しておきたい。

Question 007

このサスペンションの型式は？	
	①マルチリンク
	②ダブルウィッシュボーン
	③リーフリジッド
	④マクファーソン・ストラット

解説 このように、ショックアブソーバーにホイール(ハブ)が直接連結したかのように見えるのが、ストラット方式の特徴だ。

ストラットの下側はトランスバースリンクを用いて車体に位置決めする。場所を取らず、部品点数が少ないことからコストダウンが図れる利点があり、量産車に多く採用されている。

マクファーソンとは1950年にこの方式を考案したフォードのエンジニアの名前。　　　答：④ **マクファーソン・ストラット**

Point 選択肢はいずれも基本的なサスペンション形式。しっかりと構造と特徴を押さえよう。

Question 008

大型免許で運転できない自動車は？
①中型自動車
②普通自動車
③大型特殊自動車
④小型特殊自動車

解説 大型特殊自動車とはキャタピラ付きの自動車やロード・ローラー、タイヤ・ローラーなど特殊用途の自動車で全長12m以下、全幅2.5m以下、全高3.8m以下のものをいう。　　　　　**答：③ 大型特殊自動車**

Point 平成19年から自動車にも新たに中型免許が設定された。どのように制度が改定されたか確認してみよう。

Question 009

1958年当時のスバル360の値段は？
① 4万2500円
② 42万5000円
③ 142万5000円
④ 242万5000円

解説 1958年は東京タワーが完成した年で、まさに映画『Always 三丁目の夕日』の舞台となった時代である。42万5000円という価格は軽自動車としても安かったが、サラリーマンの平均月収が1万5000円に満たない中では庶民には憧れの存在だった。

軽量なモノコック構造のボディに2気筒空冷2ストロークエンジンを搭載し、大人4人が乗って十分な走行性能を発揮できた。1970年までに約40万台が生産された。

答：② 42万5000円

Point 正確な価格を覚える必要はないが、モータリゼーションの初期に自動車が庶民にとってどんな存在であったかは把握しておいたほうがいい。

Question 010

次のうち、追い越しが禁止されていない場所は？
①交差点とその手前から30メートル以内
②バス停とその手前から30メートル以内
③踏切とその手前から30メートル以内
④横断歩道や自転車横断帯とその手前から30メートル以内

解説
「追い越し」とは、クルマが進路を変えて走行中の前車の前に出ることを指す。交差点や踏切、横断歩道などの近くでは、危険を避けるために追い越しが禁止されている。バス停は特に危険とはいえない。

また、前車がその前にいるクルマを追い越そうとしている時、前車が進路変更しようとしているときなども追い越しが禁止されている。　　**答：② バス停とその手前から30メートル以内**

Point
自動車教習所で学んだはずの知識。設問をよく読めば正解は自ずとわかるはず。慌てずにじっくり構えよう。

Question 011

タイヤに205/65R15 94Hという表示があったとき、「H」は速度記号といい、規定の条件下でそのタイヤが走行できる最高速度を示す。では「H」とは下に示すどの速度か？
①170km/h
②180km/h
③190km/h
④210km/h

解説 最も許容速度が低いのは「L」で120km/hまで。「Q」が160km/h、「R」が170km/hだが、ほとんど見かけない。一般的なのは「S」の180km/hや「V」の240km/h、などだ。

答：④ 210km/h

Point 表示に記されている他の数値も何を示すのか理解しておこう。

Question 012

1955年に通産省が計画した、日本にモータリゼーションを普及させるためのプランの名は？

| ①ニューディール政策 |
| ②マーシャルプラン |
| ③国民車構想 |
| ④自動車倍増計画 |

解説　乗用車を国民に広めるために通産省が策定しようとしていたのが国民車構想。4人乗りで最高速度100km/h、価格25万円以下、月産3000台、排気量350～500ccなどという条件が示されていた。

新聞等で報じられたものの、公式には発表されなかった。

答：③ 国民車構想

Point　日本の産業が敗戦の荒廃から立ち直りを見せてきた時期、1960年の所得倍増計画とともに高度経済成長を支えた政策である。

Question 013

前輪駆動乗用車のプラットフォームを流用して作られたミニバンで、1994年に発売されるとたちまち大ヒットとなり、ミニバンブームの火つけ役になったのはどれか？

① 日産セレナ

② トヨタ・タウンエース

③ ホンダ・オデッセイ

④ トヨタ・エスティマ

解説 当時のホンダには大規模な設備投資をする経済的余裕がなかったことから、アコードの生産ラインで生産できる新ジャンルのクルマとして企画されたといわれる。

乗用車をベースにしたことで、ミニバンながらセダンと同等の運動性能を備え、セダンよりも広い室内空間を持つことが大ヒットに繋がった。　　　　　　　**答：③ ホンダ・オデッセイ**

Point オデッセイはミニバンでもハンドリングのよさを売りにする新しい方向を開いた。

Question 014

「エコドライブ」に当てはまらないのは？
①**十分に暖機運転を行う**
②**アクセルをゆっくり操作する**
③**冷房の温度設定を高くする**
④**アイドリングストップを心がける**

解説　加減速を少なくし、エアコンの使用を控え、アイドリングストップを励行するのがエコドライブ。昔と違い、今のクルマは暖機運転の必要性は薄れている。

タイヤの空気圧を適正値に保つこと、無駄な荷物を降ろして重量を減らすことなども有効である。

答：① 十分に暖機運転を行う

Point　今やエコドライブはクルマ好きにとって必須の知識となった。クルマに乗り続けるためにも、正しい情報を知っておきたい。

Question 015

初代カローラのキャッチフレーズとは？

①「隣のクルマが小さく見えます」
②「街の遊撃手」
③「プラス100ccの余裕」
④「名ばかりのGTは道を譲る」

解説 1960年代に繰り広げられた販売競争の主役となったのが、トヨタ・カローラと日産サニーだった。1リッターエンジンのサニーに対し1100ccのエンジンを搭載したカローラは、排気量の差をアピールしたのだった。

①は先にモデルチェンジした日産サニー、②はいすゞ・ジェミニ、④はトヨタ・セリカのキャッチコピー。

答：③ プラス100ccの余裕

Point 最近はライバル車を強く意識したコピーは少なくなったが、明らかに対サニーとわかるコピーは、当時の競争がいかに熾烈だったかを物語っている。

Question 016

次のうち、正しくない記述は？

① T型フォードは日本で
ノックダウン生産されていたことがある

② 日本では戦前から自動車の生産が始まっていた

③ トヨタはGMのノックダウン生産を行った

④ 本田技研工業が設立されたのは
第二次大戦後のことである

解説 いすゞ、日野、日産などが第二次大戦後に欧州車のノックダウン生産を行う中、トヨタは独自に自社開発を進めていた。

ホンダは1946年に設立された本田技術研究所がもととなっている。2輪車の製造から始まったが、63年に4輪自動車の世界に進出した。

T型フォードは1925年に横浜でノックダウン生産が始められている。　**答：③ トヨタはGMのノックダウン生産を行った**

Point ノックダウン生産といえば戦後のことを思い浮かべるが、T型フォードは戦前に日本で生産されていた。

第一回CAR検　解答＆解説／3級

Question 017

燃料電池車が排出する物質は？
①一酸化炭素
②二酸化炭素
③リチウムイオン
④水

解説 　燃料電池の原理は簡単にいうと水の電気分解の逆で、酸素と水素を反応させて水を生成する過程で電力を取り出す。

水素イオンから電子を取り出すことで電力を生み出すわけだが、水素分子から水素イオンを作り出すために触媒として白金などを使う必要がある。

燃料として水素自体を用いるのではなく、メタノールや天然ガスなどを改質して供給する場合もある。　　　　**答：④ 水**

Point 　燃料電池の機構は複雑で細かい部分まで理解するのは難しい。水の電気分解の逆だということと、触媒として白金などが必要であることは押さえておこう。

Question 018

| モナコ公国のレーニエ大公がコレクションに加えて |
| いた日本車で、グレース王妃が愛車にしていた日本車 |
| は？ |
| ①スバル360 |
| ②日産フェアレディZ |
| ③いすゞベレット |
| ④ホンダS800 |

解説　レーニエ大公とグレース王妃のクルマ好きはよく知られており、さまざまな名車を所有されていた。
モナコにはレーニエ大公のコレクションを収めた自動車博物館がある。

答：④ ホンダS800

Point　ホンダS800は海外にも輸出され、その小さなボディとDOHCエンジンが、時計のように精密だと人気を集めた。

第一回CAR検　解答＆解説／3級

Question 019

1989年から2004年まで、日本の自動車メーカーは自主的に馬力の上限を規制していたが、この上限とした馬力は？

① 230ps
② 250ps
③ 280ps
④ 300ps

解説　自動車メーカー各社によって繰り広げられていたハイパワー競争と、交通事故死者の急増に業を煮やした運輸省（現：国土交通省）が自工会に馬力規制を迫ったことが発端となって自主規制が決まった。

280psの根拠は、当時の日本車で最高出力車だった日産フェアレディZ（Z32型）の公称値。この自主規制は輸入車にはおよばなかったので、日本の高性能車のパワーがやけに低く感じられた。自主規制値を初めて超えたのは、2004年10月発表の4代目ホンダ・レジェンド。

答：③ 280ps

Point　この期間に日本の自動車業界は高級車市場での国際競争力が不可欠となり、一方で安全装備の充実で事故死者数は減少したため撤廃されたといわれる。

Question 020

このパーツの名は？

① クランクシャフト

② コネクティングロッド

③ ピストンリング

④ ロッカーアーム

解説 レシプロエンジンではピストンの往復運動をクランクシャフトで回転運動に変換するが、ピストンピンとクランクピンを結ぶ役割を果たすのがコネクティングロッドである。

ピストンリングは、ピストンに刻まれた溝にはめてシリンダーとの気密を保持するための部品。ロッカーアームは、エンジンのカムシャフトの動きをバルブに伝えるレバー状の部品だ。

答：② コネクティングロッド

Point パーツの名前は知っていても、形状は知らない、ということは意外にあるもの。機関の構造の概略は透視図などを見てつかんでおきたい。

Question 021

1936（昭和11）年に、乗用車のAA型を作り、翌年には自動車生産会社を設立して本格的な自動車生産を開始した会社は？

① 白楊社

② 快進社

③ いすゞ自動車

④ 豊田自動織機

解説 大正から昭和初期にかけて、日本の自動車産業が歩み始めた時代の問題である。豊田自動織機は1933（昭和8）年に自動車製造のために自動車部を設置。1936年にAA型乗用車を発表すると、翌37年に自動車部を分離し、トヨタ自動車工業株式会社（現：トヨタ自動車株式会社）を設立し、生産を開始した。

白楊社は1924年にオートモ号、日産の前身にあたる快進社はダット号、社名がいすゞになるのは戦後だが、いすゞ前身の東京石川島造船所がウーズレーと提携して、1921年にウーズレーA9型を生産した。

答：④ 豊田自動織機

Point AA型とトヨタという名前が結びつかないと、ちょっと難しいかもしれない。

Question 022

ルノー・ルーテシアの本国での名称は？
①モデュス
②クリオ
③サンク
④ロガン

解説 　国によって商標などの関係で、独自の名称を使う場合がある。
　ルノー・モデュスは2004年デビューのコンパクト・ミニバン。サンクはクリオの先代にあたる。
　ルーマニアのダチアが生産するロガンはモデュスと共通のベースをもつ4ドアセダン。　　　　　　　　　**答：② クリオ**

Point 　クリオはホンダが販売チャンネル名として使っていた。日本車も海外では違う名称を使うことが多い。

第一回CAR検　解答&解説／3級

Question 023

次のうち、トヨタ・パブリカは？

①
②
③
④

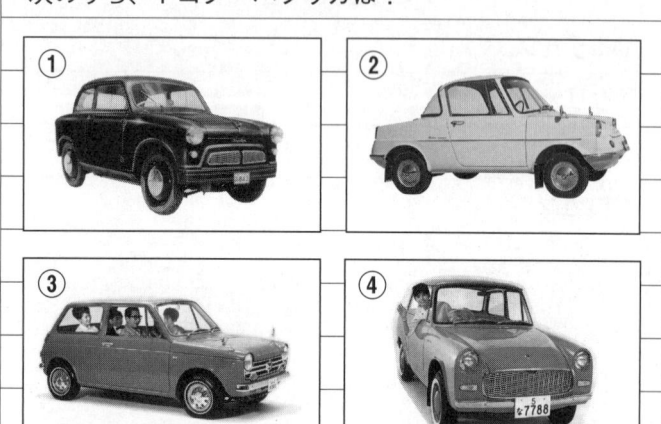

解説 ①はスズキ・スズライトSFセダン、②マツダR360、③ホンダN360、④トヨタ・パブリカ。**答：④**

Point 5〜60年代を代表する大衆車。パブリカはトヨタが開発した初の小型大衆車。700ccの空冷水平対向エンジンを持つ。

Question 024

フォルクスワーゲンが採用したことで広く知られるようになったDSGと呼ばれるシステムはなにか？

① ギアボックス
② ブレーキ
③ ステアリング
④ シャシー

解説 DSGとはDirect-Shift Gearboxの意。ボルグワーナーが開発したセミオートマチックトランスミッション。アウディではSトロニックと呼ぶ。

奇数段のギアと偶数段のギアを受け持つ2本の出力軸を同軸上に配し、それぞれにクラッチを備えることでタイムラグの極めて少ない素早い変速を可能としている。**答：① ギアボックス**

Point トルクコンバーターを使わないATシステムで、素早い変速が注目を集めた。

Question 025

「ケンメリ」の通称名で呼ばれるのはどのクルマ？
① 4代目スカイライン
② 初代シルビア
③ 2代目セリカ
④ 2代目プレリュード

解説

1972年発売の4代目スカイライン（C110型）はCMのキャッチコピー「ケンとメリーのスカイライン」から「ケンメリ」と呼ばれるようになった。

ちなみに、3代目は「ハコスカ」、5代目は「ジャパン」と呼ばれている。

2代目セリカは「名ばかりのGTは道をあける。」という挑発的なコピーで知られる。

答：① 4代目スカイライン

Point
愛称が付くということは、人気があった証拠ともいえる。会話の中では正式名よりもむしろ頻繁に使われているはずだ。

Question 026

サスペンションの型式であるダブルウィッシュボーンの「ウィッシュボーン」の名前の由来となっているのは以下のどれ？

① 牛の骨
② 人の骨
③ 馬の骨
④ 鳥の骨

解説 wishboneは鳥の胸の叉骨のこと。V字型のアームがよく似た形状であることから名付けられた。

答：④ 鳥の骨

Point ダブルウィッシュボーンは、アームの形そのものだけでなく、サスペンションリンクの形式までを広く指す場合もある。

第一回CAR検 解答＆解説／3級

Question 027

カーブの入口に「50R」という標識があった。これは何を意味する？

① 国道50号線

② 速度が50km/h制限

③ コーナーの半径が50m

④ 50m先に待避所あり

解説　「R」とはRadius（半径）の略。50Rは半径50メートルのコーナーであることを示しており、数字が小さいほどタイトなコーナーであることを示す。

サーキットでも各コーナーの曲率がこのように表示されていることが多く、鈴鹿サーキットにはそのものズバリの「130R」という名前の付けられた有名なコーナーがある。

答：③ コーナーの半径が50m

Point　山道では上り勾配を表す標識もある。こちらは、「10％」などと表記されており、この場合は100m進むと10m上昇することを示している。

Question 028

200psをkWで表すと、次のうち正しい数値は？

①約14.7
②約147
③約27.2
④約272

解説　馬力とは仕事率の単位で、言葉のとおりもともとは荷役馬1匹の発揮する力を示すものであった。各国でさまざまに定義されたため、英馬力(HP)、仏馬力(ps)などいくつもの単位が並行して使われた。「ps」はpferdestärke（ドイツ語で馬の力）の略。

国際単位系では「W(ワット)」が用いられており、切り替えが進んでいる。1ps=0.73kWとなる。　　**答：②約147**

Point　長年使い慣れてきたせいで感覚的にはpsのほうがしっくりくるという人も多いようだが、とにかくkWでは約7割の数値になると覚えてしまうしかない。

Question 029

2007年のF1は何戦で戦われている？
①15戦
②16戦
③17戦
④18戦

解説 近年はアジアなど新たな開催地とともに回数が増え、かつて2戦開催していたイタリア(サンマリノ)、ドイツ(ヨーロッパ)は、2007年は原則どおり1国1戦のみになった。

もっとも回数が多かったのは2005年の19戦。　**答：③ 17戦**

Point 代表的なモータースポーツのF1は出題確率が高いので、日頃からチェックしておこう。

Question 030

次の略語のうち説明が誤っているものは？
①ABS：オート・ブレーキ・システム
②EPS：エレクトリック・パワー・ステアリング
③EV：エレクトリック・ヴィークル
④4WS：フォー・ホイール・ステアリング

解説　ABSはAntiblockier System（Anti-lock Brake System）の略で、制動時にタイヤがロックしないようブレーキ力を自動的に弱める機構のことをいう。

タイヤがロックしないほうが制動距離が短く、ステアリング操作も効く。　　**答：① ABS：オート・ブレーキ・システム**

Point　①や②は計器板の警報表示などにも表示される基本的な略語なので、覚えよう。

Question 031

LSDとはどんな機能を持つ機構？
①車輪の空転を防止する
②ブレーキのロックを防止する
③排ガスを浄化する
④車体の横滑りを防止する

解説 LSDとはLimited Slip Differentialの意。クルマが曲がるとき、コーナー外側のタイヤは内側のタイヤよりも長い距離を走らなければならない。この回転差を吸収調整する装置がディファレンシャル(デフ)だ。

だが、ぬかるみや高速コーナリングで一方のタイヤ(旋回時には内側)が路面から離れて空回りを始めると、接地しているタイヤには駆動力が伝わらなくなる。それを防ぐためにデフ機能をロックする装置がLSD。　**答：① 車輪の空転を防止する**

Point 一般的なクルマにはあまり必要ないが、スポーツカーには必須なシステム。

Question **032**

このクルマを設計したエンジニアは？

① オラッツィオ・サッタ

② ヴィットリオ・ヤーノ

③ アレック・イシゴニス

④ ダンテ・ジアコーザ

解説 写真のクルマはフィアット・ヌォーヴァ500。ダンテ・ジアコーザはフィアットの設計者。ジアコーザは500トポリーノの設計グループで頭角を現した設計者で、第二次大戦後には600（セイチェント）を手掛け大きな成功を収めている。もともとエンジン設計者であったが、クルマのすべてについて精通し、グループで設計にあたることを嫌い、このヌォーヴァ500ではボディデザインも自ら手掛けたといわれている。ヌォーヴァ500は1957年に登場した空冷2気筒480ccエンジンを搭載した小型車で、安価で販売されたことからイタリアの大衆から大きな支持を受けた。

答：④ ダンテ・ジアコーザ

Point 選択肢はいずれも著名な設計者。それぞれ設計したクルマは何か確認しよう。

Question 033

「トランスミッション」を日本語で言うと？
①懸架装置
②操舵装置
③変速装置
④制動装置

解説

「transmission」は伝達、伝送などを意味する語で、自動車では変速装置を表す。

懸架装置は「suspension」、操舵装置は「steering」、制動装置は「brake」である。

答：③ 変速装置

Point

むしろ日本語で書かれているほうがピンとこないかもしれない。懸架装置というのも普段はあまり使わないので、ここで覚えてしまおう。

Question 034

この図の中で、圧縮の行程を示すのは？

① 吸入 ガソリン+空気 / バルブ / シリンダー / ピストン
②
③
④

解説 図は4ストローク・ガソリンエンジンを示している。①吸入、②圧縮、③燃焼、④排気。　　**答：②**

Point ピストンの上昇によってシリンダー内の混合気を圧縮、圧縮が終わったところ点火すると、混合気が燃焼する。

Question 035

回生ブレーキを使って減速を行った時に発生するものは？
①水
②水素
③電力
④二酸化炭素

解説 ディスクブレーキやドラムブレーキは、摩擦によって運動エネルギーを熱エネルギーに変換している。その際、熱が空気中に放散されることでエネルギーは失われてしまう。

それに対し、回生ブレーキは発電機の回転抵抗を利用して制動を行い、そこで得られた電力を電池に溜めておく。ハイブリッドカーではそれを発進や加速に利用することエネルギーの効率を高めている。

答：③ 電力

Point ハイブリッドカーの機構の中で重要な位置を占めるのが回生ブレーキ。電気エネルギーに変換することで、動力の再利用が可能となった。

Question 036

安全に関して、正しくない記述は？
①エアバッグを装備していてもシートベルトは必要である
②ブレーキペダルを踏み込んで膝に少し余裕があるほうがいい
③ステアリングホイールは背もたれから体を離さずに回せる位置がいい
④長時間運転するときはシートをなるべく寝かせたほうがいい

解説 シートポジションは安全運転の基本。ステアリングホイールやペダル類を正しく操作するためには、シートをかなり前に出しておく必要がある。

シートを前に出しても、背もたれを倒してしまうとステアリングホイールに手が届かなくなってしまう。12時の位置で握って、肩がシートから離れない位置が適切である。

答：④ 長時間運転するときはシートをなるべく寝かせたほうがいい

Point ペダルやステアリングホイールを余裕をもって操作できるポジションが正しい、ということを押さえておく。

Question 037

ダイムラー・ベンツとともにコンパクトカーのスマートの開発にかかわった会社は？
① 自転車会社
② 食品会社
③ 時計会社
④ 出版社

解説 1996年に時計メーカーのスウォッチとダイムラー・ベンツは合弁会社のMCCを設立し、コンパクトカーのスマートを開発した。

98年から発売され斬新なスタイルとカラーリングで話題となった。

日本ではダイムラーと提携していた三菱からも販売された。

答：③ 時計会社

Point スマートは量産車としては自動車業種以外からという変わったルーツをもつクルマである。

Question 038

1968年の日本グランプリに出場したマシンで、「エアロスタビライザー」と名付けられたウイングを装備していたのは？
①ニッサンR381
②トヨタ7
③ローラT70
④ポルシェ910

解説 このウイングは可変式で、コーナーでは内側のタイヤにより強くダウンフォースがかかるよう左右で二分割されており、サスペンションの動きと連動する設計だった。左右のウイングがはばたく様子から「怪鳥」とも呼ばれた。同じ頃、ポルシェ908にもよく似た発想のウイングが装着された例がある。またニッサン、ポルシェに先んじて、アメリカではシャパラルが分割式ウイングを取り入れていた。

答：① ニッサンR381

Point 見た目にもわかりやすい空力の発展に関する問題は出題される可能性が高い。

第一回CAR検　解答＆解説／3級

Question 039

コーナリング中にロールを抑制するための部品は？

| ①ドライブシャフト |
| ②プロペラシャフト |
| ③ロールオーバー・バー |
| ④スタビライザー |

解説 左右のサスペンションの一部を1本のロッドでつなぐものだが、コーナリング時に片方がロールする時のみ機能。
ロッドをねじる力が反発することでロールを抑える。
アンチロールバー、スウェイバーともいう。

答：④ スタビライザー

Point 紛らわしい選択肢③ロールオーバー・バーは、横転時にキャビンを守るために組む鋼管の骨組みのことで、ロールケージともいう。俗にロールバーともいわれる。

Question 040

次のうち、ジョルジェット・ジウジアーロが関わっていないクルマは？

① アルファロメオ・ジュリア・スプリントGT
② フォルクスワーゲン・ゴルフ
③ フィアット・パンダ
④ ランボルギーニ・ディアブロ

解説

①アルファロメオ・ジュリア・スプリントGTはベルトーネに入社してデザイナーとして歩み始めた彼の出世作といってよいだろう。

②フォルクスワーゲン・ゴルフはイタルデザインとして独立してからの傑作。

③フィアット・パンダはそのシンプルで機能的な造形が好評を博した。ランボルギーニ・ディアブロはマルチェロ・ガンディーニの作。

答：④ ランボルギーニ・ディアブロ

Point

それぞれの車の形を思い浮かべれば異質なデザインから答がわかる。ジウジアーロもガンディーニも手がけた作品を一度確認してみると面白いだろう。

第一回CAR検　解答＆解説／3級

Question 041

「ダッシュボード」と同じ意味に使われる言葉は？

① センターコンソール

② インストゥルメントパネル

③ バンパー

④ フェンダー

解説 ダッシュボード(dashboard)はフロントウィンドウ下側の内装部分を示す名称。計器類が備わる部分を指してインストゥルメントパネルという。英国ではフェイシアと呼ばれる。

語源は馬車時代にさかのぼり、馬が蹴り上げる小石や泥から御者を守るために設けられた「保護板」を指し、加速時には、御者はこの板を踏みつけて身構えた。自動車草創期にこの「保護板」に計器類を取り付けた。　　**答：② インストゥルメントパネル**

Point ダッシュボードは保護板から引き継がれている言葉なので、エンジンルームとキャビンを分けるバルクヘッドまで指すこともある。

Question 042

次のうち、「横断歩道」を示す標識は？

① ② ③ ④

解説　①は「学校、幼稚園、保育所などあり」、②は「並進可」、③が横断歩道、④は「歩行者専用」を表す。

道路標識には規制標識、指示標識、補助標識、案内標識、警戒標識などがある。

①は警戒標識、②と③は指示標識、④は規制標識である。

答：③

Point　規制標識はだいたいわかっていても、指示標識、警戒標識はなじみのないものもあるので、もう一度チェックしておくべき。

Question 043

運転席から見て斜め前方に位置する、フロントウインドウを支える左右両端の支柱のことを何という？

①Aピラー
②Tバールーフ
③ロールバー
④サイドシル

解説　以前はフロントピラーと呼ばれていたが、80年代頃の流行りでAピラーと呼ばれるようになった。
併せてセンターピラーをBピラー、リアピラーをCピラーと呼ぶ。

答：① Aピラー

Point　ピラーは柱の意味。デザイン上でも安全上でも重要な部分である。

Question 044

タイヤの空気圧が低下した時の現象として正しいものは？

| ①操縦安定性が向上する |
| ②燃費が悪くなる |
| ③加速がよくなる |
| ④パンクしにくくなる |

解説 空気圧が低下するとタイヤが潰れて走行抵抗が増し、燃費が悪くなる。また操縦性もブレーキ性能も悪化する。　　　　　　　　　　**答：② 燃費が悪くなる**

Point タイヤの空気圧が低下すると、安全面でも重大な問題が起こる。

Question 045

次のうち、ルマンのレース写真は？

① ② ③ ④

解説 ①は1964年の日本グランプリ、②は1997年のパリダカールラリー、④は1984年の富士グランチャンピオンレースの写真。

③がマツダが優勝した1991年のルマンのレースの模様である。　　　　　　　　　　　　　　　　　　**答：③**

Point レーシングカーの形状の違いを理解しておけば、この種の問題は恐るに足らない。普段から主要なレースの結果は見ておくといい。

Question 046

「クランクシャフト」とは、何に関係のあるパーツ？
①サスペンション
②エンジン
③トランスミッション
④ブレーキ

解説 ピストンが受けた往復運動の力はコンロッドを介してクランクシャフトに伝えられ、これによって回転力に変えられる。　　　　　　　　**答：② エンジン**

Point 往復運動の力を回転力に変える重要なパーツ。クルマが動く大まかな仕組みが理解できていれば、難しくない問題だ。

第一回CAR検　解答＆解説／3級

Question 047

山道の下りでブレーキをフェードさせないために有効な手段とは？
①ギアをニュートラルに入れる
②ダブルクラッチ
③エンジンブレーキ
④四輪ドリフト

解説 フットブレーキを酷使すると発熱により効きが悪くなる可能性がある。それを防ぐために、エンジンの回転抵抗を利用した減速を併用するのが有効である。

MT車、あるいはマニュアルモード付きのAT車であれば、坂の程度に応じて2速、3速を使い分けて速度をコントロールすればよい。

AT車でも、Dレンジに入れっぱなしにせず、Lレンジなどを適宜使用するとスムーズに運転できる。

答：③ エンジンブレーキ

Point ブレーキについては、フェードやベーパーロック現象についても出題される可能性がある。意味をもう一度確認しておこう。

Question 048

ユーノス(およびマツダ)・ロードスターは、2人乗り小型オープンスポーツカー生産台数世界一としてギネスブックにも掲載されている。これ以前にこの記録を持っていたクルマは?

①MGB

②トライアンフTR4

③ダットサン・フェアレディ

④フィアットX1/9

解説 MGBロードスターの生産累計は1962~80年の間に38万7675台。マツダ・ロードスターは初代(NA型)だけでも8年間に約43万台が生産された。

1998年に第2世代(NB型)に発展し、99年10月末時点で生産累計が53万1890台を記録。2000年5月にギネスブックに掲載された。

答:① MGB

Point MGBはユーノス・ロードスターが発売される前までは、日本でも数多く見かけた人気車だった。

Question 049

ホンダのCVCCエンジンが世界で初めて基準を満たしたことで知られる、1970年に改定された大気汚染防止のためのアメリカの法律の通称は？

① マスキー法
② ミーガン法
③ ゴールドウォーター＝ニコルズ法
④ スーパー301条

解説　アメリカでは1963年から排ガス規制が始まったが、大気汚染の深刻化によって上院議員のエドモンド・マスキー氏がさらに厳しい大気浄化法改正案を提出した。

排ガス中のHC、CO、NOxなどを5年間で90パーセント低減するという目標としていたが、アメリカの自動車メーカーが達成不能として反対したことなどの結果、実際には発効しなかった。

答：① マスキー法

Point　公害問題は何らかの形で出題されそう。マスキー法とホンダのCVCCエンジンは、セットで覚えておくといい。

Question 050

プリンス自動車が販売していないクルマはどれか？

① クリッパー

② スカイライン

③ グロリア

④ チェリー

解説 いずれもプリンスで開発された車であることには間違いないが、チェリーは日産との合併後の1970年に発売されたため、プリンス自動車が販売したことはない。

答：④ チェリー

Point プリンスの経営不振と通産省(当時)の自動車産業再編計画を背景として、日産との合併が成立したのは1966年だった。

Question 051

2007年5月トヨタが発売したハイブリッド車の累積台数は100万台に達したが、2006年のハイブリッド車販売台数は？
①約5万台
②約10万台
③約30万台
④約50万台

解説　1997年にプリウスが発売され、2000年からは海外でも販売が開始された。年々販売数は増加し、2006年は国内で約7万台、海外で約24万台が販売された。

トヨタではプリウスのほかにエスティマ、アルファードなどにもハイブリッドを採用し、海外専用モデルとしてカムリ・ハイブリッドもある。また、レクサスブランドでもGS、LSにハイブリッドモデルをそろえている。

答：③ 約30万台

Point　2004年頃からハイブリッドカーの販売台数は飛躍的に伸びてきた。累計100万台に達した時点で、その4分の3がプリウスである。

Question 052

「バイオマスエタノール」の特徴として正しくないのはどれ？

① サトウキビやトウモロコシなどから作られる

② 再生可能な植物が原料なので理論的には無尽蔵である

③ ガソリンと比べ熱量が高い

④ ガソリンと混合しやすい

解説

「バイオマス」とは生物由来の有機性資源を表し、植物から作られたエタノールなどを代替燃料として使う。現在のところサトウキビやトウモロコシを原料としているものが多いが、将来的には廃木材などの廃棄物から作る研究が進められている。

ガソリンと混合して使われることが多く、たとえばE10と呼ばれるのはガソリン90に対してバイオエタノールを10混合した燃料のことである。エタノールの熱量はガソリンより小さく、混合量が増えればそれだけ熱量は低下する。

答：③ ガソリンと比べ熱量が高い

Point

いわゆる「カーボンニュートラル」なエネルギーとして注目されている。技術開発は現在進行中なので、新聞などで最新情報をチェックしておきたい。

Question 053

このクルマを設計したエンジニア(写真の人物)の名は？

① アレック・イシゴニス

② ウィリアム・モーリス

③ セシル・キムバー

④ ハーバート・オースチン

解説 写真はBMCミニと、その横に立つ設計者のアレック・イシゴニス。全長3mほどの小型車ながら、横置きエンジンの前輪駆動を採用することで、広い室内を確保した。

ミニは小型車の革命と評され、この成功に触発されて多くの小型車が前輪駆動を採用した。　**答：① アレック・イシゴニス**

Point ミニの設計はすべての小型車に影響を与えたといっても過言ではない。イシゴニスの名前は覚えておこう。

Question 054

クルマの排出ガスの中で、地球温暖化のもっとも大きな原因となっているとされる物質は？

①NOx
②CO
③CO_2
④HC

解説 NOxは窒素酸化物、COは一酸化炭素、HCは炭化水素のこと。自動車が排出する二酸化炭素、つまりCO_2の増加が、地球温暖化の原因として問題となっている。

いわゆる温室効果ガスとしては、ほかにメタン、亜酸化窒素、六フッ化硫黄などが挙げられる。たとえばメタンは温室効果の強さが二酸化炭素の20倍以上で、二酸化炭素は比較的温暖化への影響力は比較的小さい。しかし、総量が圧倒的に多いために全体としては温室効果が高くなる。

答：③ CO_2

Point 1970年代の公害問題では、二酸化炭素は有害物質としては認識されていなかった。一酸化炭素や窒素酸化物の排出が劇的に減った今では、二酸化炭素がもっとも大きな問題となっている。

Question 055

高級スポーツカーメーカーだったアルファロメオが、戦後量産車メーカーへの転身を図って1950年に発表したモデルは？

① 1900

② ジュリエッタ

③ ジュリア

④ 1300ジュニア

解説 もともとアルファロメオは、高性能な高級車を少量生産し、レース活動に重きを置いた自動車会社だった。しかし第二次大戦後に方針を転換し、量産車メーカーへの脱皮を図る。純粋な戦後設計のモデルとして1950年に発売されたのが1900で、実用的なサルーンとして発売された。

しかし、モノコックボディにツインカムエンジンを搭載するなど、アルファロメオらしいこだわりは残されている。この路線は、後のジュリエッタ、ジュリアへと受け継がれていく。

答：① 1900

Point 知名度の点ではジュリアやジュリエッタが圧倒的に上なので間違えてしまいそうだが、その前に発売されていたのが1900。

Question 056

1976年、日本で初めてF1が開催されたサーキットは？
①鈴鹿サーキット
②富士スピードウェイ
③船橋サーキット
④筑波サーキット

解説 30年ぶりに富士で開催されたF1も悪天候となってしまったが、1976年の富士も大雨だった。このためスタート時刻が延期されたが降り止まず、大雨の中でレースは始まった。だが、チャンピオンが懸かっていたニキ・ラウダは、あまりにひどい雨にレースの途中で棄権した。

答：② 富士スピードウェイ

Point 日本で初めて開催されたF1ということで世間の注目度も非常に高かった。スポーツのジャンルでは重要項目だ。

Question 057

次に挙げる日本の自動車メーカーのうち、会社名に創業者の名前が入っていないのはどれ？

① トヨタ自動車

② いすゞ自動車

③ マツダ

④ 本田技研工業

解説

「いすゞ」の名は伊勢神宮の境内を流れる「五十鈴川」に由来する。

1933 (昭和8年) に商工省標準形式自動車として開発された自動車に付けられた名称(モデル名)で、当時の会社名は自動車工業株式会社だった。いすゞ自動車と改称したのは1949 (昭和24) 年のこと。

いすゞが自動車の研究に着手したのは1916年。

答：② いすゞ自動車

Point

モデル名にもベレルやベレットなど社名の鈴(ベル)に因んだ名前がつけられた。Bellとローマ数字で50を意味するelを組み合わせてBellelとなったというわけ。

Question 058

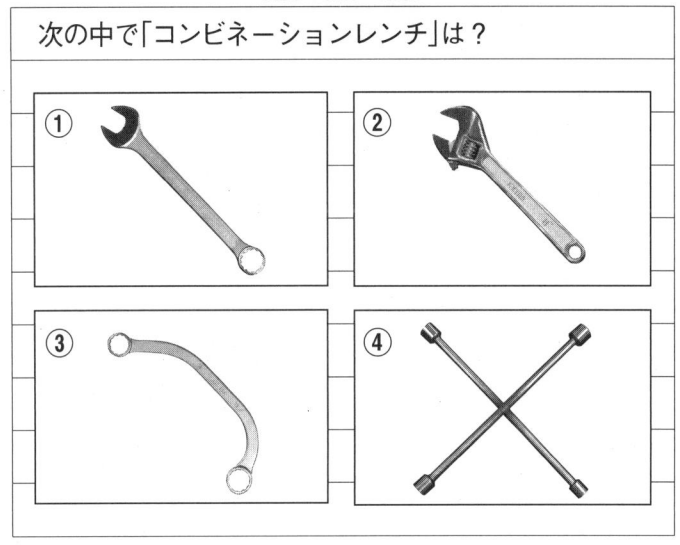

次の中で「コンビネーションレンチ」は？

① ② ③ ④

解説　②はモンキーレンチ（アジャスタブルレンチ）、③はメガネレンチ、④はクロスレンチである。

メガネレンチとスパナが組み合わされた①がコンビネーションレンチと呼ばれる。　　　　　　　　　　**答：①**

Point　クロスレンチのことをうっかりコンビネーションレンチだと思っている人も多い。普段から工具に触れる機会を持とう。

Question 059

1908年に初めて部品の標準化を達成したクルマは？
①キャデラック
②シボレー
③リンカーン
④オールズモビル

解説 キャデラックを率いていたヘンリー・マーティン・リーランドは精密加工技術の権威で、黎明期の自動車に付きまとっていた部品互換性の悪さを克服。

1908年にイギリスの王立自動車クラブ(RAC)による部品互換性テストに合格した。　　　　　　　　**答:① キャデラック**

Point 1台ずつ異なっていた部品が共通化されたことによって、自動車の量産化への道筋ができていった。

Question 060

ルマン24時間レースに優勝したことのある日本のメーカーは？
① ホンダ
② 日産
③ マツダ
④ トヨタ

解説 ルマン24時間優勝は自動車メーカーにとって夢のまた夢。しかしトヨタや日産とて果たせなかった夢を見事にやってのけたのがマツダだ。なお、F1に全力をかけていたホンダはルマンにはNSXの時代になってからの参戦だ。

1991年にマツダ787Bが日本のメーカーとして初めての総合優勝を果たした。これ以降、2007年の時点で日本車(社)のルマン総合優勝はない。

この年、マツダは3台のワークスカーを参加させ、優勝のほか6位と8位にも入り、全車完走を果たした。ウィニングクルーは、フォルカー・ヴァイドラー、ジョニー・ハーバート、ベルトラン・ガショー。362周、4923.2kmを走った。

答：③ マツダ

Point 787Bはロータリーエンジン搭載車としても初のルマン総合優勝である。

Question 061

TBS系のドラマ『ビューティフルライフ』の中で、常盤貴子が演じるヒロインが乗っていて一時期大人気になったクルマは？

① トヨタ・コルサ
② オペル・ヴィータ
③ マツダ・レビュー
④ ルノー・トゥインゴ

解説 赤いヴィータが、病気で車椅子生活になってしまったヒロインの愛車だった。ディーラーのヤナセにヒロインが乗っているのと同じ赤いヴィータを買いたいと女性がやって来たという話もあるほど。美容師役の木村拓哉が乗っていたヤマハTW200も人気を呼んだ。

答：② オペル・ヴィータ

Point ほかにもドラマやコミックが火付け役となって人気の出た車種がある。チェックしてみよう。

Question 062

パリ・ダカール・ラリーについて、間違っている記述は？

① WRCの第1戦である

② 1995年からパリがスタート地点ではない

③ 2輪による競技もある

④ 2001年から三菱が7連覇している

解説　パリ・ダカール・ラリーはラリーレイドと呼ばれる競技のひとつで、WRC（世界ラリー選手権）とは性質が異なるモータースポーツである。

もともとはパリをスタートしてスペインから海を渡り、アフリカの砂漠を縦断してセネガルのダカールに到達するというコースだった。しかし、コースは毎年少しずつ変わり、1995年からはパリスタートではない。2008年はテロの危険性から初の中止となってしまった。2001年から7回連続で優勝していたパジェロも、これにはなすすべがなかった。

答：① WRCの第1戦である

Point　WRCの第1戦は通常モナコのモンテカルロ・ラリーである。2008年はラリー・ジャパンを含む15戦で行われる。

第一回CAR検　解答＆解説／3級

Question 063

フォードが生産した乗用車で、1908年から1927年までに1500万7033台が生産されたモデルは？
①A型
②F型
③N型
④T型

解説　A型、F型、N型はすべてフォードの生産した乗用車だが、空前のヒット作となってモータリゼーションを押し進めたのはモデルT、つまりT型フォードである。フォード・モーター・カンパニーが最初に作ったクルマは、1903年のA型(モデルA)。以下、アルファベット順にモデル名が付けられていった。

1908年に発表されたT型は良質のバナジウム鋼を用いたこともあって信頼性が高く、好調な販売成績をあげた。コンベアラインでの生産方式を採用して、価格も下がっていった。生産終了の1927年までに1500万7033台というとてつもない台数が生産された。

答：④ T型

Point　発売1年目に1万台を生産するヒットとなり、1925年には日産9000台という数字を記録した。

Question 064

寄宿学校に通う子供を通じて知り合った二人が恋に落ちるラブロマンスを、ルマン24時間レースとモンテカルロ・ラリーを背景にして描いた1966年のフランス映画は？

① ポール・ポジション

② 栄光への5000キロ

③ 男と女

④ 昼顔

解説

『男と女』でジャン=ルイ・トランティニャンが演じる主人公は、レーシングドライバーという設定。フォードGT40、ルノー・ゴルディーニなど多くの名車が登場する。

『ポール・ポジション』はニキ・ラウダ、ジェームス・ハントらが登場する1978年のドキュメンタリー映画。

『栄光への5000キロ』はサファリ・ラリーを舞台にした石原裕次郎主演の日本映画（1969年）。

『昼顔』はルイス・ブニュエル監督、カトリーヌ・ドヌーブ主演の名作恋愛映画（1967年）。

答：③ 男と女

Point

出演していたジャン=ルイ・トランティニャンは、レーシングドライバーとして知られるモーリス・トランティニャンの甥である。

Question 065

次のうち、フォルクスワーゲングループに属さない自動車メーカーは？

① シュコダ

② セアト

③ ランドローバー

④ ベントレー

解説 ランドローバーはローバーグループが解体されたときにBMWが買収したが、現在(2007年10月の時点)はフォードの傘下にある。チェコのシュコダもスペインのセアトもVWグループ。

BMWがロールス・ロイスの買収に際してVWと激しい争奪戦を繰り広げて、BMWがロールス・ロイスのブランドを、VWがベントレーのブランドを手に入れた。

答：③ ランドローバー

Point 近年、自動車業界は合従連衡のただ中にあり、買収の動きは大きなニュースとして注目される。

Question 066

フェラーリのエンブレムに含まれる動物のキャラクターは？

① ② ③ ④

解説

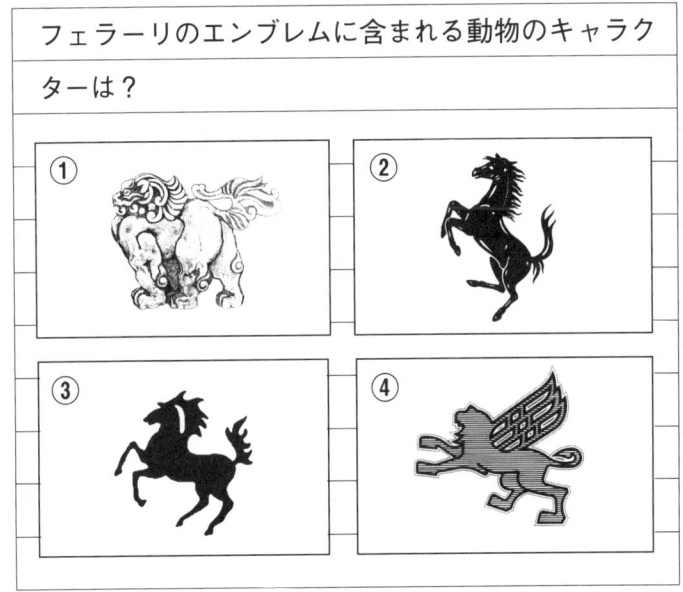

①はいすゞ117クーペ、②はフェラーリ、③はポルシェ、④はトヨタ・ソアラのエンブレム。

①のエンブレムはよく「狛犬」と呼ばれていたが、正式には「唐獅子」という名称。④はフライングライオン。③はフェラーリと同じ「跳ね馬」であるが、フェラーリのほうがより立った姿勢である。

答：②

Point

動物をモチーフにしたエンブレムは、ほかにジャガー（ジャガー）、プジョー（ライオン）、ダッジ（牡羊）、ランボルギーニ（猛牛）などがある。

Question 067

2006年に中華人民共和国で販売された自動車(乗用車・商用車)の台数は世界何位？

| ①1位 |
| ②2位 |
| ③3位 |
| ④4位 |

解説
中国の2006年の新車販売台数は約750万台で、1.9％減で約570万台となった日本を大きく上回って世界第2位となった。ちなみに、第1位は約1700万台のアメリカである。

新車1台あたりの人口でいえば、アメリカが18人、日本が22人であるのに対し、中国は176人となって、今後まだまだ伸びは止まりそうにない。

答：② 2位

Point
2000年に初めて自動車販売台数が200万台を越えて以来、毎年20％という驚異的な成長を続けてきたことになる。

Question 068

1886年にカール・ベンツが初めて作ったガソリンエンジン付きの乗り物は？
①2輪車
②3輪車
③ボート
④飛行船

解説 ゴットリープ・ダイムラーが1885年に木製の2輪車を走らせ、翌年カール・ベンツが3輪車の試走に成功している。

ベンツの3輪車「パテント・モートルヴァーゲン」を世界初のガソリン自動車として、1985年に西ドイツ（当時）は自動車100年祭を盛大にとり行った。

パテント・モートルヴァーゲンは少数ではあるが市販されている。

答：② 3輪車

Point ゴットリープ・ダイムラーとカール・ベンツは、互いに50キロほどしか離れていない場所でほとんど同時に実用的自動車を完成させていた。

第一回CAR検　解答＆解説／3級

Question 069

次の前輪駆動車のうちで、発売年が最も古いクルマは？
①BMCミニ
②ホンダN360
③フォルクスワーゲン・ゴルフ
④シトロエン・トラクシオン・アヴァン

解説 この中で1934年に発表されたトラクシオン・アヴァンだけが第二次大戦前の生まれだ。

前輪駆動(FWD)を一般大衆車に広めたばかりか、トーションバーによる前輪独立懸架、油圧ブレーキ、ラック・ピニオン・ステアリング(1936年以降)など、工学的に重要な新技術を1台のクルマに集約していて、技術的な見地から自動車界の偉業と評されている。

答：④ シトロエン・トラクシオン・アヴァン

Point トラクシオン・アヴァンとは「前輪駆動」そのものを意味する。大量生産車としては前輪駆動を採用した最初の例だ。

Question 070

日産の軽乗用車「オッティ」は何のOEMモデル？
①スズキMRワゴン
②スバル・ステラ
③三菱eKワゴン
④ダイハツ・ミラ

解説　OEMとはOriginal Equipment Manufacturer、相手先ブランドで販売される製品の製造、または製造会社を指す。

日産は自社では軽自動車を生産していないが、モコ（スズキMRワゴン）、ピノ（スズキ・アルト）、クリッパーリオ（三菱タウンボックス）とオッティの4台のOEMモデルを販売している。

答：③ 三菱eKワゴン

Point　OEMモデルは、ほかにマツダ・スピアーノ（スズキ・ラパン）、スバル・ジャスティ（ダイハツ・ブーン）、ダイハツ・アルティス（トヨタ・カムリ）などがある。

第一回CAR検　解答＆解説／3級

Question 071

1894年に開催された史上初の自動車イベントは？

① パリ - ルーアン・トライアル

② ツール・ド・フランス

③ 第1回ACFグランプリ

④ インディアナポリス500マイルレース

解説　自動車という新しい乗りものの信頼性を実証、またどの原動力が車に向いているのか確認するため催された走行会である。

ツール・ド・フランスは自転車が有名だが、自動車のラリーも開催は古く1899年に行われた。

グランプリと名が付く最初のレース、ACFグランプリは1906年、インディ500は1911年から。

答：① パリ - ルーアン・トライアル

Point　黎明期の自動車は、フランスで盛んに行われたレースイベントで急速に発展した。

Question 072

次のサーキット図のうち、鈴鹿サーキットを表しているのは？

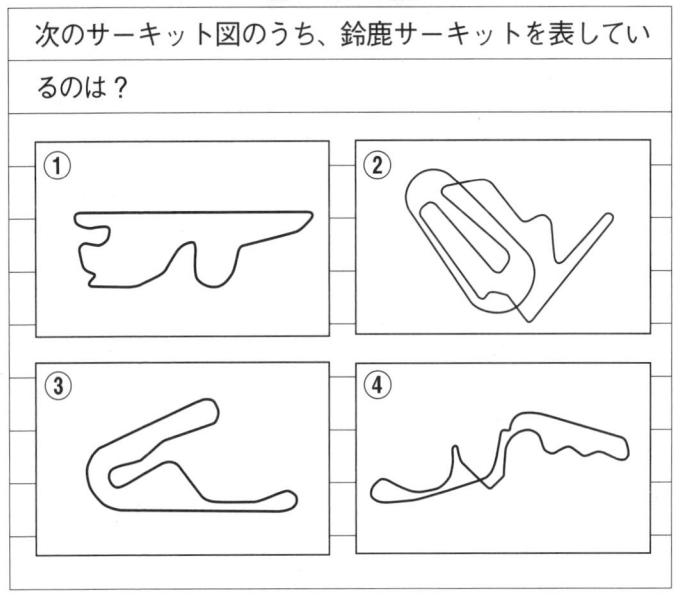

① ② ③ ④

解説

図はいずれも日本にある代表的なコースである。①は富士スピードウェイ、②はツインリンクもてぎ、③は筑波サーキット。

鈴鹿サーキットは立体交差を特徴としており、ツインリンクもてぎはロードとオーバルという異なるコースが二つ組み合わされた特徴がある。富士は1.5kmに及ぶ直線ストレートが特徴である。

答：④

Point

鈴鹿の立体交差は国際的に見ても珍しいレイアウト。

Question 073

ガソリンエンジンに比べた場合、ディーゼルエンジンに関する記述で正しくないのは？

① ターボチャージャーとの相性がいい

② 燃費がよく、CO_2の排出量が少ない

③ 2サイクル(ストローク)機関はない

④ 大排気量に向いている

解説 現在は見かけることがなくなったが、ディーゼル・エンジンにも2ストローク型が存在する。日産ディーゼルは、かつて「ユニフロー・スカベンジング(UD)」と呼ばれる2ストローク型ディーゼルを生産し、トラックやバスに搭載していた。

同社のロゴマークにはUDと書かれ、これを現在ではUltimate Dependability(究極の信頼)としているが、元を辿れば、Uniflow scavenging Diesel engineの頭文字に由来する。

答:③ 2サイクル(ストローク)機関はない

Point その利点が認められ、欧州で広くディーゼルが受け入れられていることから、日本でもディーゼルが復活の兆しを見せている。

Question 074

エンツォ・フェラーリが若い頃テストドライバーとして働いた自動車メーカーは？

| ①フィアット |
| ②アルファロメオ |
| ③ランチア |
| ④ディアット |

解説　戦前のアルファロメオは、レースに勝利するために市販車を売るという自動車メーカーだった。そのレース部門に始めはテストドライバー、後にマネジャーとして在籍したのがエンツォ・フェラーリである。

フェラーリの高級な市販車を売ってF1活動をするというスタイルは、戦前のアルファロメオを引き継いだものといってよい。

答：② アルファロメオ

Point　エンツォ・フェラーリが指揮するアルファ・コルセは戦前のレースで活躍した。戦後になってフェラーリは自身の会社を立ち上げ、レースに参加できる市販車を生産し成功を収めることになる。

Question 075

「ショック・アブソーバー」と同じものを指す言葉は？
①スタビライザー
②マフラー
③シンクロナイザー
④ダンパー

解説 ショック・アブソーバー（Shock absorber）は、自動車のサスペンションなどバネを使って振動や衝撃を緩衝する機構に用い、揺り返し現象（周期振動）を緩和収束する。衝撃吸収器ともいわれる。　　**答：④ ダンパー**

Point ダンパーは勢いをくじくものの意味。ピアノの音を止める部分もダンパーだ。

Question 076

次のうち、フェルディナント・ポルシェは？

解説　①はフェルディナント・ポルシェ、②はゴットリープ・ダイムラー、③はヘンリー・フォード、④はエンツォ・フェラーリ。　　**答：①**

Point　ここに並べられた顔は、どこかで見たことがあるはず。いずれも個性的な面相だから、繰り返し眺めれば覚えやすいはず。

Question 077

オープンカーを表す言葉ではないものはどれ？
①ロードスター
②ブレーク
③カブリオレ
④スパイダー

解説　ブレークはワゴン／バンを表す言葉で、主にフランスで使われる。他にオープンカーを表す言葉はコンバーチブル、ドロップヘッドクーペ、キャンバストップなど。オープンカーでも特にスポーツタイプをロードスター、イタリアではスパイダーということが多い。

日本は各国からクルマとともに言葉が入ったので、同じ形態のボディでも複数の言葉が使用されている。　**答：② ブレーク**

Point　ボディを表す言葉は、馬車時代から引き継がれたもの、イメージを新鮮にするため、新しく作られたものなどさまざまである。

Question 078

次のメーカーの中で最も創業年の古いのは？

① フェラーリ

② アルファロメオ

③ フィアット

④ ランボルギーニ

解説

フィアットは自動車黎明期の1899年に自動車好きのイタリア、トリノの名士たちによって設立された。

アルファロメオは1910年に前身のロンバルダ自動車製造有限会社が設立され、製品は頭文字をとってALFAと名付けられた。ニコラ・ロメオにより、アルファロメオとなったのは1914年。

フェラーリはアルファロメオのレーシングドライバー、マネジャーとしてエンゾ・フェラーリが活躍したあと、独立して自身の会社を立ち上げた戦後の会社。

フェルッチョ・ランボルギーニがフェラーリの車が気に入らず、自分の満足する車として350GTを発表したのは1963年。

答：③ フィアット

Point

この問題は、解説に書いてあるように、歴史を一つのストーリーとして理解すればOK。

第一回CAR検 解答&解説／3級

Question 079

テレビ朝日系でも放映されたアメリカのテレビドラマ『ナイトライダー』に登場するナイト2000のモデルとなったクルマは？

| ①トランザム |
| ②コルベット |
| ③マスタング |
| ④カマロ |

解説　アメリカで1982年から放映された『ナイトライダー』は、日本でも人気ドラマとなった。"主人公"たるナイト2000は人工知能の「K.I.T.T.」が搭載されたクルマ。ポンティアック・ファイアバードのトップグレードであるトランザムがベースとなっている。

知能を持つだけでなく、動力は水素エンジンというエコカーでもあった。

答：① トランザム

Point　2008年放映のリメイク版では、フォード・マスタングをベースとした新ナイト2000が登場することになった。

Question 080

田中康夫の小説『なんとなく、クリスタル』には1台だけクルマが登場するが、どのように記述されている？

① 「赤いファミリア」

② 「ワーゲンのゴルフ」

③ 「カエルみたいなポルシェ」

④ 「アーバンなBMW」

解説

田中康夫はクルマ好きのイメージがあるが、デビューの頃はまだあまりクルマに詳しくなかった。
その後雑誌などでクルマでのデートについて文章を書くようになり、1988年には『東京ステディ・デート案内』という指南本まで出している。
　BMWが流行したバブル期にあえてアウディを乗り継ぎ、それを都会的なセンスとして自ら称揚していた。

答：④「ワーゲンのゴルフ」

Point

『なんとなく、クリスタル』はファッションモデルの女性の一人称で語られ、クルマについてはそれほど大きな関心が向けられていない。

Question 081

次のうち、韓国車のメーカーでないのは？
①吉利
②現代
③大宇
④起亜

解説 吉利汽車控股有限公司は中国の民族系自動車製造会社。吉利汽車(ジーリーキシャ)は、2006年1月のデトロイトショーに1万ドル以下のクルマを展示して話題となった。吉利が乗用車業界に参入したのは1997年。「美人豹」や「自由艦」などが主力車。

現代自動車は日本でも販売されているヒュンダイで、自動車販売台数で世界第6位の大メーカーである。

大宇自動車は現在はGMの傘下となり、GM大宇となっている。

起亜自動車は現代自動車の傘下で、現代-起亜自動車グループを形成している。

答：① 吉利

Point 外資との合弁メーカーが圧倒的な強さを見せる中、独自ブランドとして成長してきた。2007年の中国国内での販売台数ランクでは、吉利汽車が第10位につけている。

Question 082

フォルクスワーゲンでビートルの通称名で呼ばれるのはタイプ1、ではタイプ2は？

① 411
② キューベルワーゲン
③ デリバリーバン
④ カルマンギア

解説　VWビートルからは様々な派生モデルが誕生したが、タイプ2と呼ばれるのは箱形バンだ。パネルバンのほか、ピックアップ、マイクロバスなどのバリエーションがある。

第二次大戦が終結して間もない時期に、VWの生産工場で使われていたビートルを改造したトラックが起源といわれ、これをヒントに1950年に生産モデルが登場した。

答：③ デリバリーバン

Point　タイプ2は現在のミニバン、マルチパーパスビークルの祖先ともいえる。合理的なスタイルで人気を博した。

Question 083

パナール・システムを開発したエンジニアは？

① エドゥアール・ドラマール=ドブットヴィル

② レオン・マランダン

③ エミール・ルヴァソール

④ アルマン・プジョー

解説　パナールとともに自動車製造にのりだしたルヴァソールは、主に技術面を担当し、フロントに置くエンジンで後輪を駆動するパナール・システムを開発するなど、自動車の発展に寄与した。

パナール・システムとはフロントにエンジンを置き、後輪をドライブする方式をいう。ドラマール=ドブットヴィルはガスエンジンによる自動車を1884年に完成した。アルマン・プジョーは1889年に3輪蒸気車を造った。

答：③ エミール・ルヴァソール

Point　創業者ふたりの名前から付けられた「パナール・エ・ルヴァソール」のメーカー名を思い出せば、回答できる。

Question 084

「アルファロメオが通る時、いつも脱帽せずにはいられない」と言った人物は？
①ジョヴァンニ・アニエッリ
②フェルディナント・ポルシェ
③ヘンリー・フォード
④本田宗一郎

解説　"Everytime I see an Alfa Romeo pass by, I raise my hat." T型フォードの成功に見られるように優れた経営者であったヘンリー・フォードだが、同時に、生涯、優れた自動車を追い求めたエンジニアでもあったという証がこの言葉に表されている。

ヘンリーは1947年に亡くなっているから、彼が帽子をとって敬意をはらっていたのは、おそらく戦前型で、ヴィットリオ・ヤーノが手掛けた6Cもしくは8Cではなかろうか。

答：③ヘンリー・フォード

Point　大量生産に長けたフォードも自動車好きであった。アルファロメオは当時最高峰の自動車だった。

Question 085

アメリカで1964年に発売されて全米で大きなヒットとなり、ポニーカーというジャンルを確立したクルマは？

① シボレー・コルベット

② フォード・マスタング

③ ジープ・ワゴニア

④ ポンティアックGTO

解説　実用的なセダンでも2人乗りのスポーツカーでもない、スポーティなパーソナルカーとして企画。マスタングのヒットを受けて続々と同類の車が誕生した。

アメリカではそのジャンルをポニーカーと呼ぶが、スペシャルティカーと同義語と考えていい。

答：② フォード・マスタング

Point　マスタングのグリル上の馬が示すように、マスタングとはテキサス周辺を産地とする小型の野生馬から付けられた名前。その小馬が作ったブームなので、小型の馬を総称する「ポニー」と呼ばれることになった。

Question 086

ドイツ・バイエルンを本拠地とする自動車メーカーは？
①メルセデス・ベンツ
②ポルシェ
③BMW
④フォルクスワーゲン

解説 メルセデス・ベンツとポルシェはシュトゥットガルト、フォルクスワーゲンはウォルフスブルクを本拠地とする。　　　　　　　　　　　　**答：③ BMW**

Point BMW AG（Bayerische Motoren Werke Aktiengesellschaft）という社名にバイエルンの地名が記されている。

第一回CAR検　解答&解説／3級

Question 087

第二次大戦で活躍した旧日本軍の戦闘機や爆撃機を製作した中島飛行機は戦後に会社が解体されたが、その中島飛行機をルーツとする自動車会社は？
① 富士重工業
② 三菱自動車
③ トヨタ自動車
④ 本田技研工業

解説 　中島飛行機は機体やエンジンを独自に開発し、自社内で一貫生産できる能力を持ち、第二次大戦終戦までは東洋で最大、世界でも指折りの航空機製造会社であった。

敗戦後、GHQによって航空機の生産を禁じられるとともに、再び軍需産業に進出できないようにと12社に解体された。

解体後、多くの技術者が自動車産業へ転進をはかり、戦後の日本の自動車産業の発展に貢献した。

富士重工業は解体された企業のうち数社が再び合同して形成された。

答：① 富士重工業

Point 　航空機から自動車へ転用された技術は数多い。スバル360の軽量設計もその典型的な例だった。

Question 088

軽自動車の規格として、正しいものは？
①全長が3.5m以下であること
②高さが2m以下であること
③タイヤが4輪であること
④車幅が1.5m以下であること

解説　1949年に制定された規格は、全長2.8m、全幅1.0m以下、排気量300cc以下（2ストローク車は200cc）というものだった。

最近は一定しているが、一時期は猫の目のようにめまぐるしく変わった軽自動車の規格。あるとき覚えた数値は過去のものということが起こりやすいので注意したい。

現在、寸法では全長3.4m以下、全幅は1.48m以下、全高2.0m以下、排気量は660cc以下となっている。車輪の数の規定はないため、3輪であってもかまわない。

答：②高さが2m以下であること

Point　規格に車輪の数の規定はないことは盲点かもしれない。

Question 089

メルセデス・ベンツに存在しないシリーズ名は？
①Aクラス
②Gクラス
③SLKクラス
④LRクラス

解説 Aクラスはコンパクトなエントリーカー、Gクラスはオフローダー、SLKは小型クーペカブリオレの車種名。北米ではランドローバーのフリーランダーをLR2、ディスカバリー3をLR3と名乗っている。

メルセデス・ベンツのラインナップには、ここに挙げた以外にBクラス、Cクラス、Eクラス、Sクラス、SLクラス、CLKクラス、CLクラス、CLSクラス、Mクラス、Rクラス、GLクラス、Vクラスがある。

答：④ LRクラス

Point かつてCはコンパクト、Mはミディアムなど由来がわかりやすかったが、モデルの増加とともにシリーズも増えて単純なクラス分けではなくなっている。

Question 090

次のうち「アクティブセーフティ」に分類されるものは？

①シートベルトを締める

②サイドインパクトバーを装備する

③ABSを装備する

④チャイルドシートを使用する

解説　アクティブセーフティとは予防安全のことで、衝突安全を意味するパッシブセーフティとは区別される。

パッシブセーフティとは事故が起こった場合に被害を最小限に留めるためのもので、ボディを強化したり乗員を保護する機構を設けたりすることを示す。

アクティブセーフティは車両の安定性を高めたり事故回避を補助したりする機構で、電子制御の進歩によって発展してきた。ABS、トラクションコントロール、横滑り防止装置などがそうで、さらにそれらを統合制御する高度な機構が取り入れられてきている。

答：③ ABSを装備する

Point　ABSは1980年代に徐々に普及していったが、今では軽自動車も含め、ほとんどのモデルに装着されるようになっている。

Question **091**

次のうち、「ロールス・ロイス・シルバーゴースト」は？

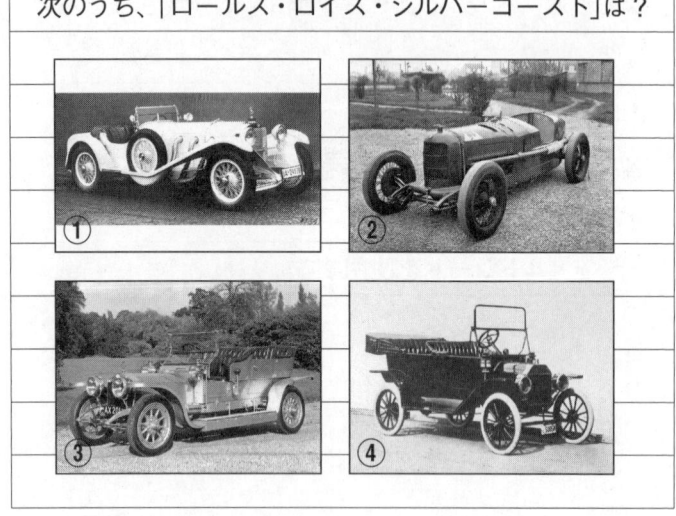

|解説| どれも歴史に名を残す優れたクルマだ。
①はメルセデス・ベンツSSK、②はアルファロメオP2、③がロールス・ロイス・シルバーゴースト、④はフォード・モデルT。1907年に登場したシルバーゴーストは極めて高い品質を持つことを知られる。　　　　　**答：③**

|Point| それぞれが生産された時期、名車とされる理由もチェックしよう。

Question 092

次の中で、「プジョー206」は？

① ② ③ ④

解説　①は207、②は205、③は204。
プジョーの車名は真ん中が0の3桁の数字で表されることになっており、200番台はコンパクトカーである。最後の数字は世代が新しくなるほど大きくなっている。

ただ、この法則も崩れてしまい、現在は1007という車名のモデルがある。　　　　　　　　　　　　　　　　**答：④**

Point　1929年にデビューした201が、この型式でのモデル名の最初だった。プジョーは、3桁の数字のモデル名を商標登録している。

第一回CAR検　解答＆解説／3級

Question 093

ポルシェ911が水冷になったのは、次のうちどのモデルからか。
① 930
② 964
③ 996
④ 997

解説　誕生以来ずっとその水平対向6気筒エンジンは空冷であったが、1997年にデビューした996型から水冷に転身を図った。

理由として上げられているのは、環境対策に取り組むためにはシリンダーの温度管理を容易に行うことができる水冷が不可欠だったためといわれる。

それまでのSOHCからDOHCヘッドが採用され、さらなる高性能化が可能になった。

答：③ 996

Point　よく知られているタイプナンバーとモデルの大まかな特徴は押さえておこう。

Question 094

映画『ミニミニ大作戦』の原題は?

①The Italian Job
②The Italian Mission
③The Italian Tactics
④The Italian Thieves

解説 1969年製作の『ミニミニ大作戦』はトリノを舞台にミニが走り回る泥棒映画。狭いショッピングモールの中や地下下水道を逃走することから、小さなミニが使われている。

ミニ以外にも多くのクルマが登場していて、冒頭でランボルギーニ・ミウラが出てきて爆発炎上するシーンもある。

2003年にニューミニを使ってリメイクされたが、ミニを登場させる必然性には乏しかった。　　**答:① The Italian Job**

Point ミニの小ささをうまく利用し、階段や石畳の上での迫力あるカーチェイスシーンを見せた映画としては、2002年の『ボーン・アイデンティティ』がある。

Question 095

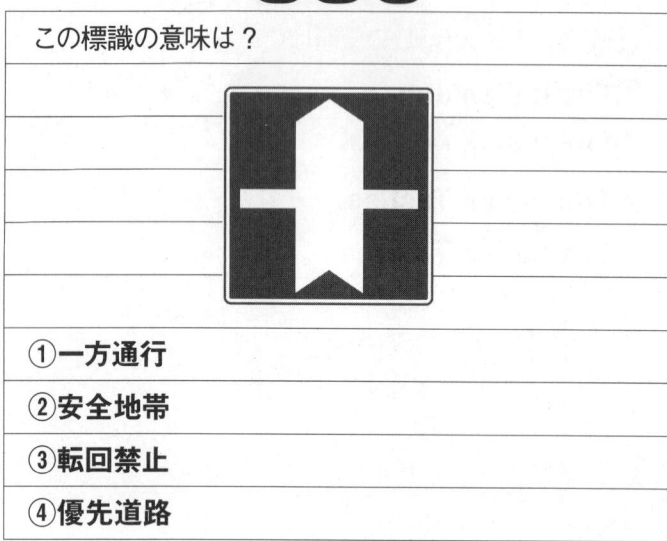

この標識の意味は？

① 一方通行

② 安全地帯

③ 転回禁止

④ 優先道路

解説 ①は ⬅、②は ▽、③は 🚫転回。

答：④ 優先道路

Point 駐停車禁止、通行止め、車両横断禁止など、間違えやすい標識を今一度確認しておこう。

Question 096

2006年のアメリカの新車販売で3位となったメーカーは？

① トヨタ

② 日産

③ クライスラー

④ フォード

解説 2006年にトヨタはアメリカで前年比12.5%増となる約254万台を販売し、クライスラーを抜いて初めてビッグスリーの牙城を崩した。

2007年には前年比2.7%増でさらにシェアを伸ばし、約262万台の販売で前年比割れのフォードをも凌駕して第2位の座を占めた。他の日本車メーカーでは、ホンダが約155万台で5位、日産が約107万台で6位につけている。　　**答：① トヨタ**

Point 2007年7月にはビッグスリーの新車販売台数が合計で48.1%となり、初めて5割を切った。日本車のシェアは、合わせて39.2%と過去最高となった。

Question 097

映画「007」の初代ボンドカーは？
①アストン・マーチンDB5
②トヨタ2000GT
③ロータス・エスプリ
④フォード・マスタング・マッハ1

解説 　007シリーズ3作目の『ゴールド・フィンガー』に登場して一躍世界に名を知られるようになったのはアストン・マーチンDB5。

トヨタ2000GTは日本が舞台となった5作目『007は二度死ぬ』、ロータス・エスプリは潜水もできるボンドカーとして、10作目『私を愛したスパイ』に、マスタングはショーン・コネリーが復活した7作目『ダイヤモンドは永遠に』に登場していた。

答：① アストン・マーチンDB5

Point 　今でもジェームズ・ボンドのイメージを大切にしているアストン・マーチン。最新作の『カジノ・ロワイヤル』でもDBシリーズが登場していた。

Question 098

日産のカーテレマティクスサービスの名称は？
①T-MARY
②VICS
③G-BOOK
④CAR WINGS

解説 日産のCAR WINGSは、カーナビの操作が煩わしいという人のために、自動車電話による有人対話形式で目的地検索からルート案内まで自分のカーナビに設定してくれるというわかりやすいサービスが特徴。1998年にサービス開始。

②VICSはリアルタイムに渋滞情報を提供するサービス。

③G-BOOKはトヨタが主導するカーテレマティクス・システム。

①T-MARYは横浜ゴムのテストコース名称でカーナビとの関連はない。

答：④ CAR WINGS

Point 車載のIT端末を利用し高度な情報サービスを提供するのがカーテレマティクス。各自動車会社が独自に進めているためそれぞれ名称がつけられている。乗用車から商用車へと利用の幅も広がってきている。

Question 099

日本のマイカー時代の幕開けに、2車種によって繰り広げられた販売合戦にBC戦争がある。その主役となった2車種はなにか？

① ベレットとコロナ

② ブルーバードとコロナ

③ ベレルとセドリック

④ ビートとカプチーノ

解説　自動車が一般に広く普及した1960年代の象徴的な出来事である。

64年発売の2代目ダットサン・ブルーバードがリードしていたファミリーカー市場に、3代目のトヨペット・コロナが挑み、熾烈な販売合戦が展開された。

答：② ブルーバードとコロナ

Point　自動車史上でも大きなトピックだが、経済史、昭和史的な側面もある重要事項。

Question 100

ポルシェの中で、香辛料に由来する名を持つモデルは？
①カレラ
②ボクスター
③カイエン
④ケイマン

解説 　南アメリカ原産のカイエン種の唐辛子で作られたスパイスがカイエンペッパー。とても辛い。

　カレラ(Carrera)はスペイン語でレース、疾走の意味。だが、メキシコ横断レースのカレラ・パナメリカーナを示すことが多い。ポルシェはこのレースで活躍、以来、この名称を高性能モデルに好んで使ってきた。

　ボクスターは水平対向エンジンを意味するボクサー(Boxer)とロードスター(Roadster)を合わせた造語。

　ケイマンはカリブ海のケイマン諸島に生息するワニの名前から付けられた。

答：③ カイエン

Point 　カイエンの兄弟車であるフォルクスワーゲンのトゥアレグは、アフリカの内陸部で生活する勇猛な遊牧民の部族名からとられている。

自動車文化
CAR検
検定

第1回 CAR検 2級 解答＆解説

●お詫びと訂正
実施時の2級問題の001、068には選択肢に誤りがあり、正解がありませんでした。受験者の方々にはご迷惑をおかけしました。お詫びいたします。
この問題集では、選択肢を正しいものに差し替えてあります。

CAR検 2級 概要

出題レベル	クルマが大好き、運転大好き、クルマを見ると即座に排気量とサスペンション形式が分かる中級カーマニア
受験資格	車を愛する方ならどなたでも。年齢、経験等制限はありません。
出題形式	マークシート4者択一方式100問。100点満点中70点以上獲得した方を合格とします。

Question 001

1983年6月に日本車として初めて4輪アンチロックブレーキシステムを装着したクルマは？
①トヨタ・クラウン
②日産セドリック
③ホンダ・プレリュード
④いすゞ・ピアッツア

解説　1982年11月25日にフルモデルチェンジした第2世代のプレリュードに、オプションとして日本初のABSを選択できるモデルがあった。つづいて83年6月には、マイナーチェンジされたアコードにオプション設定された。

大型車を含めての日本初は、東名高速道路を走る高速バスのドリーム号(1969年)だ。　　**答：③ ホンダ・プレリュード**

Point　ホンダはこのシステムを4wA.L.B.と呼んだ。

Question 002

アルファロメオのレース部門でマネジャーを務めていたエンツォ・フェラーリが独立し、1951年のイギリスGPで古巣相手に勝利を収めた時に発した言葉は、次のうちどれ？

① 私にとってこの勝利は第一歩にすぎない
② 私の栄光ははじめから約束されていた
③ 私は父に勝利した
④ 私は母を殺してしまった

解説 スクデリア・フェラーリを組織して、アルファロメオのレース活動を担い、多くの勝利を得ていたエンツォ・フェラーリにとって、自らの手で常勝アルファの行く手を阻んだことは、達成感とともに万感胸に迫るものがあったことだろう。　　**答：④ 私は母を殺してしまった**

Point エンツォ・フェラーリの逸話ではよく知られるエピソードの一つ。

Question 003

4輪自動車の操舵機構を説明する原理は？
①パスカルの原理
②アッカーマンの原理
③ホイヘンスの原理
④カヴァリエリの原理

解説 4輪自動車ではコーナリングの際に内側の切れ角が外側に比べてきつくなる。イギリスのルドルフ・アッカーマンがその原理を解明し、スムーズに曲がるステアリング方式を確立した。

この原理が発見されたのは1818年だが、1886年にカール・ベンツが作ったパテント・モートルヴァーゲンは3輪車だった。これは、操舵機構の簡略化と軽量化を重視したからだった。

答：② アッカーマンの原理

Point 同時期にフランスのジャントーも同様の考えを示したので、「アッカーマン・ジャントーの原理」と呼ぶこともある。

Question **004**

昭和29（1954）年に開かれた第1回全日本自動車ショウの会場は？
①後楽園球場
②日比谷公園
③晴海展示場
④上野公園

解説　初の自動車ショーは日比谷公園で行われた。公園だからもちろん野外展示。舗装されていたのは一部分しかなく、大半は土がむき出しの状態で、雨が降れば悲惨な状況になるのは必至だった。

当時、8社あった日本の四輪メーカー各社のほか、二輪車、部品メーカーの総計254社が、267台を出品した。その前年の1953年には上野公園で「自動車産業展示会」が開催されたが、これが後に「0回東京自動車ショウ」と呼ばれる。

答：② 日比谷公園

Point　初回は日比谷公園という都会の真ん中の公園での開催だった。規模を拡大してゆくのに伴い、晴海、幕張へと舞台を移した。

第一回CAR検　解答＆解説／2級

Question 005

ベンツ社が1899年までに約1000台製造した、ヨーロッパ初の量産車は？
① ヴィクトリア
② ヴェロ
③ ドザド
④ ヴィザヴィ

解説 1893年にベンツは初の4輪車ヴィクトリアを発売した。翌年それを小型化したヴェロを発売すると、ヨーロッパで初めてのベストセラーカーとなった。

初期の仕様では搭載されたエンジンの出力は1.5psにすぎなかった。3分の2がフランスなどの他国に輸出され、多くの亜流モデルが各国で作られた。

答：② ヴェロ

Point ヴェロとは自転車を指す俗語で、軽便なモデルであることから名付けられたようだ。

Question 006

1993年、日本車で初めてヨーロッパ・カー・オブ・ザ・イヤーを受賞したクルマは？
①トヨタ・プリウス
②ニッサン・マイクラ（マーチ）
③トヨタ・ヤリス（ヴィッツ）
④ホンダ・シビック

解説 ヨーロッパ・カー・オブ・ザ・イヤーを受賞した日本車は、①、②、③の3台。そのうち最初に受賞したのはニッサン・マーチ（マイクラ）である。

答：② ニッサン・マイクラ（マーチ）

Point 日本カー・オブ・ザ・イヤーの常連、ホンダ・シビックは意外なことにヨーロッパでは受賞していない。

Question 007

次のうち、「上海インターナショナルサーキット」の
コースレイアウト図は？

① ② ③ ④

解説　上海サーキットはコース全体のレイアウトが"上"の字を表していることが特徴的。2004年に完成し、同年からF1中国グランプリが開催されている。収容観客数は約20万人で、サイドスタンドに林立する蓮の葉型の屋根が目を惹く。

②はインディアナポリス・モーター・スピードウェイ、③はイモラ・サーキット、④はハンガロリンクである。　**答：①**

Point　サーキットのレイアウトは、一目でわかるほど個性的なものが多い。メジャーなサーキットの形は覚えておくこと。

Question 008

東洋工業(現マツダ)がロータリーエンジンの特許を購入したのは、どの会社から？

①ダイムラー・ベンツ

②NSU

③GM

④ロールス・ロイス

解説　1959(昭和34)年、西ドイツ(当時)のNSUが発明者のフェリックス・ヴァンケルとともに、ヴァンケル(ロータリー)エンジンを試験開発したと発表。翌1960年に東洋工業(現:マツダ)は、NSUと技術提携の仮調印を行った。

契約に際してNSUは高圧的姿勢で、提示された条件は東洋工業にとって極めて厳しいものであったという。さらに、NSUから送られてきた試作エンジンは、とても市販できないような未完成品であったといい、ここから製品化へ向けて社運を賭けた挑戦が始まった。

答：② NSU

Point　ロータリー式エンジンは別名をヴァンケル式エンジンともいう。発明されたのはドイツだが、その製品性を高めたのはマツダの功績だ。

Question 009

F1世界選手権で初めてターボチャージャーを装着したのはどこのメーカー？
①ルノー
②ホンダ
③フェラーリ
④フォード

解説 　3ℓフォーミュラの時代、排気量が半分であれば過給器の装着も許されていた。初のターボ付きF1は1977年イギリスGPに登場したルノー、形式名はRS01である。

答：①ルノー

Point 　ルノーが扉を開いたターボ技術によって、F1はハイパワー競争が激しくなる。1989年でスピードと開発費を抑制するため禁止された。

Question 010

1989年発売のスカイラインGT-Rに関係がないメカニズムは？

① 直噴エンジン

② セラミック・ターボ

③ 電子制御四輪駆動

④ 直列6気筒

解説　当時、日産の持つ最新の技術を投入して作られたスカイラインGT-Rには、24バルブ直列6気筒セラミック・ターボ付きエンジンが搭載され、電子制御四輪駆動が組み合わされた。

日本車の直噴ガソリンエンジンは、1996年に三菱が導入したGDIエンジンが初。　　　　　　　　　　**答：① 直噴エンジン**

Point　三菱の直噴エンジンは燃費の良い希薄燃焼(リーンバーン)を目的として開発が進められた。リーンバーンの技術開発が盛んに行われたのは1990年代はじめから半ばにかけてである。

第一回CAR検　解答＆解説／2級

Question 011

1907年に世界で初めて完成した自動車専用クローズドサーキットは？

① ムジェロ・サーキット

② ブルックランズ・サーキット

③ インディアナポリス・スピードウェイ

④ ニュルブルクリング・サーキット

解説 今年で100周年を迎えたイギリスのブルックランズ。イギリスはそれまで自動車の速度を極端に制限した赤旗法などの影響で、自動車の発展に遅れをとっていた。"先進国"フランスなどに追いつこうと、自動車専用のサーキットが建設された。

それまでは自動車レースは公道を利用して行うのが普通だった。ちなみに初開催のレースイベントに出場した大倉喜七郎（フィアット）がモンタギューカップで2位に入賞した。

答：② ブルックランズ・サーキット

Point 今ではモータースポーツの中心地となっているイギリスの原点といえるエピソードだろう。赤旗法の悪影響によって自動車の発展は大きな差がついていた。

Question 012

1979年、日本車で初めてターボチャージャーを装着した生産型乗用車は？

① 日産スカイライン

② 日産セドリック

③ トヨタ・セリカ

④ トヨタ・スープラ

解説 1979年12月、5代目(430型)のセドリック／グロリアにターボチャージャーを装着した。運輸省(現：国土交通省)は「ターボは不必要な性能向上のための装置であり、暴走行為を助長する」として日本車への装着は認めようとはしなかった。

これに対して日産は「燃費を向上させ、排気エネルギーのリサイクル活用」と主張し、あえてスポーティなモデルではない、セドリック／グロリアに搭載して運輸省を納得させた話は有名。

答：② 日産セドリック

Point 暴走行為の助長という反対の理由が時代を物語る。過給技術はエンジンの小型効率化のため現在でも最も注目されている技術の一つだ。

第一回CAR検　解答＆解説／2級

Question 013

バイ오燃料に関して、間違った記述は？

① 地球全体として二酸化炭素の量を増加させない

② 日本ではバイオ燃料を自動車に使うことが税法上禁止されている

③ バイオディーゼル用燃料として、家庭から出る天ぷら油などの食用油を使うことができる

④ 2007年のダカール・ラリーに片山右京がバイオディーゼル車で参加した

解説
植物から生成されるエタノールなどでつくるバイオ燃料は、燃焼したときに放出されるCO_2が植物の成長時に吸収したCO_2と同量であると解釈されている。このため大気中のCO_2を増加させず、再生可能な燃料として注目されている。

従来は、エタノールが自動車の燃料系統の金属や樹脂を劣化させる危険性があるとして、揮発油等の品質の確保等に関する法律で使用が規制されていた。現在ではこの同法の改正によって混入が認められている。

答：② 日本ではバイオ燃料を自動車に使うことが税法上禁止されている

Point
環境問題の観点から今後ますますバイオ燃料の利用は増えると予想される。

Question 014

下の図は三菱「 i 」のリア・サスペンションだが、この形式は？

① ストラット
② セミ・トレーリングアーム
③ ド・ディオン
④ スウィング・アクスル

解説 ミドシップにエンジンを搭載した三菱「 i 」のリア・サスペンションにはド・ディオンが採用されている。
写真はデフの部分がないためわかりづらいが、左右輪のハブが1本のチューブ（ド・ディオン・チューブ）で繋がれ、ボディ側に固定されたディファレンシャル（デフ）から左右それぞれのホイールにドライブシャフトが延びている。

通常の固定軸に比べ、デフがボディに固定されているためバネ下重量が軽く、独立懸架と異なり、左右輪のキャンバー変化がないことが利点だ。　　　　　　　**答：③ ド・ディオン**

Point 1893年にド・ディオンによって発明されたシステムで、現行車に採用されている例は少ないため、旧式なシステムと思われがちだが、日本車ではミドにエンジンを搭載する一部の軽商用車に使われている。

Question 015

中国でのアウディの表記は、次のうちどれ？
①宝馬
②奔馳
③奥迪
④福特

解説 ①はBMW、②はベンツ、③はアウディ、④はフォードを表す。

中国では2006年から中国国内で生産されるクルマにメーカー名をローマ字で表記することが禁止され、漢字表記のないモデルには販売許可がおりなくなった。

ポルシェ（保時捷）、フェラーリ（法拉利）など音を漢字に移したものが多いが、フォルクスワーゲン（大衆）、ロータス（蓮花）のように意味を漢字で表したものもある。

答：③ 奥迪

Point 中国関連の新聞記事やテレビニュースにこれらの表記が登場することがある。注意して見ておくといい。

Question **016**

スーパーチャージャーについて、正しい記述は？

①低回転域では過給されない

②ターボチャージャーと併用できる

③排気の力を利用する

④過給が始まるまでにタイムラグがある

解説　スーパーチャージャーはエンジンの出力軸から直接駆動するので、低回転から過給を行うことができる。
これに対して排ガスのエネルギーを使って駆動するターボチャージャーは、排ガスの少ない低回転域では過給の効きが弱く、また効き始めるまでにタイムラグがある。

フォルクスワーゲンが採用している"TSI"は、高出力と低燃費という、相反する課題を両立させるために両者を併用している。

燃費を削減するため排気量を縮小したうえで、パワーを得るための過給手段として低回転域はスーパーチャージャーが担い、回転が上がってからはターボチャージャーがその役目を負う。

答：②ターボチャージャーと併用できる

Point　スーパーチャージャーはエンジンから機械的に駆動する過給方式。ターボと併用する新しいエンジンの登場で再び注目が集まっている。

第一回CAR検　解答＆解説／2級

Question 017

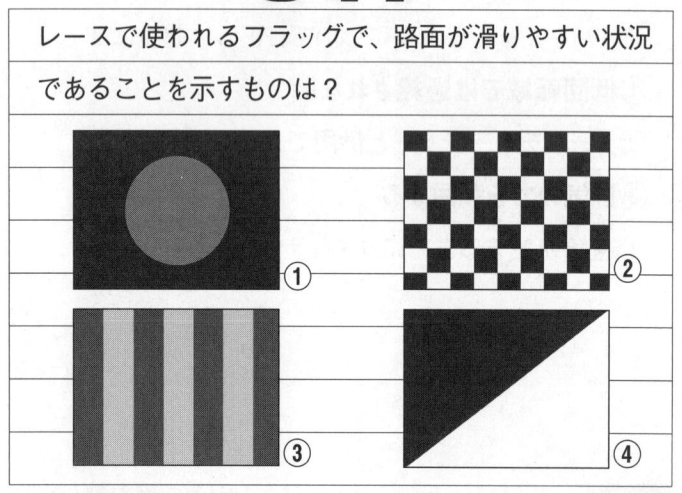

レースで使われるフラッグで、路面が滑りやすい状況であることを示すものは？

① ② ③ ④

解説　①はメカニカルトラブルを示す旗、②はチェッカーフラッグでレースの終了を示す旗、④はスポーツマンシップに反する行為などを警告する旗。

同じ旗でも静止させて示す場合と大きく振ってみせる場合があり、それぞれ意味が違うこともある。一般に、振動表示の場合は強い意味を示すことになる。　　**答：③**

Point　競技開始の合図には国旗が使われるので、レースが開催される場所によって異なる。

Question 018

レシプロエンジンの形式で、マツダが最新のデミオに採用して話題となっている形式（システム）は？

① ミラーサイクル

② ユニフロー掃気

③ 圧縮着火

④ スーパーチャージング

解説　マツダがデミオに採用したミラーサイクル・エンジンは、吸気バルブの閉弁時期を遅くして高膨張比にする希薄燃焼システム。マツダが、1993年にスーパーチャージャーと組み合わせて、ユーノス800（のちマツダ・ミレーニア）に採用した。

しかしミラーサイクルは混合気の量が少ないゆえ、燃費には有利だが、特に低回転時のトルクが細くなりがちという欠点もある。小型車ならトルクの細さが許容できることと、組み合わせるCVTの設定によってカバーが可能となったことで、デミオに久しぶりに搭載された。　　**答：① ミラーサイクル**

Point　ミラーサイクルはマツダが熱心に開発を進めるリーンバーン（希薄燃焼）システムで、可変吸気のひとつである。

Question 019

次のうち、電気自動車について間違った記述は？

① ガソリンエンジン車より歴史が古い

② 1990年代にGMがリース販売していた

③ 地球環境に対する負荷がゼロである

④ 日本では導入に際して政府の補助が受けられる

解説 太陽光や水力を使わない限り、電気を起こすためにエネルギーを使うので、環境負荷がゼロというわけではない。

だが、現在の化石燃料を使う内燃機関よりCO_2の発生が少ないので、効率よく電気を起こすことができ、優れたバッテリーが開発されれば、次世代のクルマの動力源としては極めて有望なのだ。

答：③ 地球環境に対する負荷がゼロである

Point ガソリン自動車より先に生まれながら、パワーと航続距離で敗れ衰退した電気自動車。今後発展するためには、いかに電池の効率を上げるかという研究開発が焦点である。

Question 020

次のうち、「内燃機関」に分類されるものは？
①原子力機関
②スターリングエンジン
③蒸気エンジン
④焼玉エンジン

解説 ガソリンエンジンやディーゼルエンジンなど、機関の内部で燃焼を行って動力を得るのが内燃機関。焼玉エンジンは燃焼室内部にあるグロープラグによって点火が行われ、グローエンジンとも呼ばれる。

外燃機関は機関外部に熱源を置き、内部の流体の膨張・収縮によって運動エネルギーを得る。一般に装置が大きくなってしまう傾向があり、移動の動力とするには不利な面がある。初期の自動車は蒸気機関を利用したものが多かったが、ガソリンエンジンが発達すると姿を消していった。　**答：④ 焼玉エンジン**

Point ガソリンエンジンであれば、レシプロエンジンもロータリーエンジンも、同じく内燃機関である。

Question 021

次の4つのブランドのうち、仲間はずれはどれ？

| ①レクサス |
| ②インフィニティ |
| ③プリンス |
| ④アキュラ |

解説 この場合の仲間とは、レクサス、インフィニティ、アキュラで、どれも日本のメーカーが海外市場に新たな販売網を構築するために作ったブランドだ。
これに対してプリンスは企業および国内ブランド名。

答：③プリンス

Point プリンスは日産の販売チャンネル名として残されていたが、元は独立した企業名である。1966年に日産と合併したプリンス自動車のことで、他の3つとは異なる。

Question 022

低排出ガス車認定制度で、星３つの車両貼付ステッカーが意味するのは、次のうちどれか。

（平成17年排出ガス規制値＜自動車＞）

①25％低減レベル

②30％低減レベル

③40％低減レベル

④50％低減レベル

解説　国土交通省が定める低排出ガス車認定制度では、平成17年排出ガス規制値に対しての低減レベルで基準を設けており、ステッカーの星３つは50％、星４つは75％の低減レベルを示している。

認定を受けると、自動車税のグリーン税制が適用される。低減レベルに応じて自動車税、自動車取得税が軽減される。**答：④**

Point　ディーゼル車に対しては、「超低PM排出ディーゼル車認定制度」がある。

第一回CAR検　解答＆解説／2級

Question 023

1967年のインディアナポリス500マイルレースに出場し、圧倒的な速さを見せながらあと3周を残してリタイアしたSTPスペシャルに搭載されていたエンジンの種類は？

① ロータリー・エンジン
② スーパーチャージド・ディーゼル・エンジン
③ 2ストローク・ガソリン・エンジン
④ ガスタービン・エンジン

解説 高速で周回するインディ500ではガスタービンエンジンの特性がピタリとマッチした。
翌68年もガスタービンカーは出場。規制を受けながらもトップを快走したが、またしても残り9周を残したところでストップしてしまった。　　　　　　　　　　**答：④**

Point ガスタービンエンジンは航空機の動力には一般的で、1960年代には自動車への転用が盛んに研究された。レーシングカーへは実験的に採用されたが、熱、騒音、応答性などから実用車へは搭載されていない。

Question 024

BMWが開発したシステムで、吸気バルブのリフトを無段階に制御し、スロットルバルブを使用せずに出力の調整を行うことを目的に開発された可変バルブ機構は？

① VALVEMATIC
② VTEC
③ VVEC
④ VALVETRONIC

解説 多くのメーカーが独自の技術でバルブ制御に取り組んでいるのはご存じだろう。
①のVALVEMATICはトヨタ自動車。②のVTECはホンダ。

答：④ VALVETRONIC

Point BMWのバルブトロニックは2001年に登場した。無段階にしかもスロットルバルブを使用しない制御であることが最大の特徴。

Question 025

NCAP (New Car Assessment Program) の役割は？

①新車の品質を評価し公表する
②新車の動力性能を試験し公表する
③新車の環境負荷率を調べて公表する
④自動車の安全性を衝突実験により検証しその結果を公表する

解説　実際に自動車の衝突テストを行い、その結果を公表することでユーザーは安全性を客観的に知り、同時にメーカーにはより安全なクルマ開発を促すことを目的とした安全性評価プログラム。

1979年にアメリカで始まり、欧州や日本のほか世界中に広まっている。

答：④自動車の安全性を衝突実験により検証しその結果を公表する

Point　日本では国土交通省と独立行政法人自動車事故対策機構により、正面、オフセット、側面の3つの衝突テストとブレーキテスト、歩行者頭部保護性能テストの計5つのテストで評価している。

Question 026

ブレーキオイルを交換したあとで必ず行うべき作業は、次のうちどれ？

| ①駐車ブレーキワイアの調整 |
| ②パッドやライニングの面取り |
| ③パッドやライニングの交換 |
| ④エア抜き |

解説　ブレーキオイルを交換すると必ずシリンダーや配管の内部に空気が入ってしまい、ブレーキが正常に効かなくなる。溜まった気泡を取り除く作業をエア抜きという。

ベーパーロックでブレーキが効かなくなった場合にも、冷却した後にこの作業を行う必要がある。

通常は2人一組で行うもので、1人はブレーキペダルを踏む役で、もう一人はブリーダーのバルブを開閉して気泡を逃がす作業を担当する。

答：④

Point　修理の経験があれば易しい問題。やったことがなくても、ブレーキの構造を理解していれば正解はわかるはず。

Question 027

斜体で示された語句と以下の①〜④で同じ関係のものは？

永島譲二／BMW Z3

① ムラート・ギュナーク／プジョー107

② ステファン・ローザ／ルーフCTR3

③ ソティリス・コヴォス／トヨタ・ヤリス

④ マウリツィオ・マンフレディーニ／
　 フェラーリ360モデナ

解説

問題の永島／BMW Z3はデザイナーと作品の組み合わせを示している。初代ヴィッツはトヨタの欧州デザインスタジオの作だが、デザインを手掛けたのはギリシャ人のソティリス・コヴォスといわれている。

①のムラート・ギュナークはダイムラーから移籍したVWのデザイナー。②のステファン・ローザはルーフのドライバー。③のマウリツィオ・マンフレディーニは360モデナのプロジェクトマネジャー。

答：③ ソティリス・コヴォス／トヨタ・ヤリス

Point

デザイナーと作品であることがわからないとちょっと難度が高いかもしれない。

Question 028

ベルヌーイの定理で働きが説明できるのは？

①内輪差
②キャブレター
③アンダーステア
④メカニカルサーボ

解説 ベルヌーイの定理とは、「流速が上がれば圧力が下がる」というもので、負圧によって空気と燃料を混合するキャブレターはこの原理を利用したものである。エンジンが回転すると負圧が生じて空気が吸い込まれ、流路が細くなったベンチュリ部で流速が上がる。そこで圧力が低下してジェットを通ってガソリンが上昇し、空気と混合されて霧状になって混合気が作られる。　　　　　　　　　　**答：②**

Point 現在キャブレターに代わって燃料供給装置となっているのがインジェクションで、多くは電子制御で混合比や噴射量を精密にコントロールしている。

Question 029

以下の日本のサーキットの中で開業したのが最も古いのは?

① 船橋サーキット

② 鈴鹿サーキット

③ 富士スピードウェイ

④ スポーツランド菅生

解説 鈴鹿サーキットがもっとも開業が古く1962年。翌1963年に第1回日本グランプリが開催された。船橋サーキットは現在の船橋オートレースの場所に1965年7月に開業、いくつかの名勝負を生みながらもわずか2年後に閉鎖された。

富士スピードウェイの開業は1966年1月。当初は長い直線に続く大きなバンクを持つレイアウトだった。

スポーツランド菅生は1975年5月仙台市の隣にオープンした。

答:②鈴鹿サーキット

Point 船橋サーキットは現存しないのでもっと古そうに感じられるが、じつは船橋より3年も前に鈴鹿サーキットがオープンしている。

Question 030

クルマの最先端から前輪タイヤが地面に接する部分の角度をなんという？

① デパーチャーアングル
② スリップアングル
③ バンク角
④ アプローチアングル

解説　Aが示すのは④アプローチアングル。このアングルが狭いと、段差を越える時に"アゴ"が当たってしまう。この図のような4WDでは車体後端と後輪の角度である。①のデパーチャーアングルも大きくないと悪路を走破することができない。

逆に空力的なスポーツカーでは、ノーズが長く低いのでアプローチアングルが極端に狭い。　　**答：④アプローチアングル**

Point　アプローチアングルは大きな段差や斜面を乗り上げる時に登坂可能か目安となる角度。4WDでは欠かせない用語だ。

Question 031

1959年にBMCミニが登場するきっかけとなった事件は？

① ケネディ暗殺
② スエズ動乱
③ フルシチョフ失脚
④ ベトナム戦争

解説

ミニが誕生したのは、石油危機が勃発して燃費の良い小型車が望まれたからだ。

スエズ動乱とは第二次中東戦争のこと。1956年9月にエジプトのナセル大統領がスエズ運河の国有化を発表。権利を守るためとして、スエズ運河の株主であったフランスとイギリスがスエズ運河を攻撃、占領した。

この報復措置としてナセルは運河を閉鎖し、シリアを通過する石油パイプラインを止めた。このパイプラインはイギリス本国の石油供給量の2割をまかなっていたため、厳しいガソリンの配給制が始まり、大食いのクルマは居場所がなくなった。

答：② スエズ動乱

Point

"小型車—石油危機—中東問題"という関係性が大事。製品は市場の必要性から生まれてくるものだ。

Question 032

1955年に量産アメリカ車として初めて300馬力エンジンを搭載し、これが好評だったことから「300」と名付けたモデルをラインナップしたのは？

| ①シボレー |
| ②クライスラー |
| ③キャデラック |
| ④マーキュリー |

解説

"ヘミ"の名を冠したV8エンジンを搭載した、クライスラー300がヒットし、以後300の後にA、B、Cとローマ字をつけたレターカーシリーズとして大成功した。この成功がきっかけとなりアメリカ車に高級車ブームが巻き起こった。

現在のクライスラーにも"300C"と呼ばれるモデルがあるが、この過去の名車に因んだネーミングである。こちらも米市場で低迷するセダン人気にもかかわらず、1年で15万台を売るヒット作となった。

答：②クライスラー

Point

日本で本格的な乗用車トヨペット・クラウンが発売された頃、アメリカでは300馬力の高級車ブームが起こっていた。

Question 033

いすゞ117クーペのデザインを担当したカロッツェリアは？

① ギア

② ベルトーネ

③ イタルデザイン

④ ヴィニャーレ

解説 1960年代初頭から、日本の自動車メーカーがイタリアのカロッツェリアにデザインを依頼することが少なくなかった。

ショーカーだけで終わる場合が多かったが、1966年3月のジュネーヴ・ショーで初公開されたいすゞ117スポーツは、その中でも生産化にこぎ着けて成功した例。ギアに在籍していた時代のジョルジェット・ジウジアーロのデザイン。

1968年12月に117クーペの名で生産化が始まり、今なお多くのファンを持つ。

答：① ギア

Point 117クーペはギアに在籍していたジウジアーロの出世作としてよく知られている。

Question 034

理論空燃比とはガソリンを完全に燃焼させるために必要な空気量とガソリンの比率をいう。では、1kgのガソリンを完全燃焼させる時、空気の量は下記のどれ？
①約12.8kg
②約14.7kg
③約17.3kg
④約18.4kg

解説　1kgのガソリンを完全燃焼させるためには、約14.7kgの空気が必要だ。この数字には多少の差異もあり、約14.5kgとしている文献もある。

理論空燃比のことをストイキオメトリー（ストイキ）ともいう。しかしパワーを絞り出すためには、やや濃い混合気（リッチ）、反対に燃費をよくするには薄い混合気（リーン）の方がよいが、濃すぎても薄すぎても、排ガス装置の三元触媒の機能が阻害されるため、排ガスの処理が難しくなる。　**答：② 約14.7kg**

Point　理論空燃比は約14.7：1とされ、この値付近が有害物質の排出はもっとも少ない。

Question 035

第二次大戦後、日本の自動車メーカーは外国の自動車メーカーと技術提携し、ノックダウン生産に乗り出したが、以下の会社のなかで、外国車のノックダウン生産をしなかった会社は？

① いすゞ
② トヨタ
③ 日野
④ 日産

解説
戦時中は軍需生産に、また戦後すぐは占領軍によって自動車生産の統制が行われたため、乗用車生産が許可された日本の自動車業界は急速に世界の技術に追いつく必要に迫られていた。そこでトヨタを除いて各社が外国との技術提携を試みた。

いすゞはイギリスのヒルマン、日野はフランスのルノー、日産はイギリスのオースチンと提携し、自動車生産のノウハウを学んだ。

答：② トヨタ

Point
トヨタだけは国産自動車にこだわって独自に自動車を開発した。

Question 036

パラレル方式を採用するハイブリッド車について、正しくない記述は？

① 仕組みが複雑である

② エンジンとモーターの双方が駆動する

③ エンジンは駆動力としては使わず、発電だけを担う

④ バスなどの大型車での実用例はない

解説　シリーズ方式はエンジンが発電だけを担うという、比較的簡素な仕組みのハイブリッドシステムで、③はその説明として妥当であり、パラレル方式には当てはまらない。

プリウスなどに搭載されているシステムはシリーズとパラレルを混合した方式で、効率がいい代わりに複雑な機構を持つ。よって①の説明が当てはまる。②はパラレル方式の説明となっている。

1991年に日野自動車が実用化したHIMRという技術は、ディーゼルエンジンと電気を組み合わせたパラレル方式のハイブリッドである。

答：③ エンジンは駆動力としては使わず、発電だけを担う

Point　シリーズ(series)は直列を、パラレル(parallel)は並列を意味する。エンジンとモーターが並列して駆動するのがパラレル方式であると考えればいい。

Question 037

次に挙げる日本車のなかで、1モデル世代での生産期間が一番長いものは？

① 三菱デボネア

② トヨタ・ランドクルーザー（40系）

③ スズキ・ジムニー（初代）

④ ホンダNSX

解説

ランドクルーザー24年、デボネア22年、NSX15年、ジムニー11年。選択肢にはないが、最も長いトヨタ・センチュリーは約30年と別格。

答：② トヨタ・ランドクルーザー（40系）

Point

クルマの機能が特化されたモデルは、寿命の長い傾向にある。

Question 038

次のうち、カロッツェリア・ベルトーネに在籍したことのないデザイナーは？

① フランコ・スカリオーネ

② ジョルジェット・ジウジアーロ

③ マルチェロ・ガンディーニ

④ エンリコ・フミヤ

解説 フミヤは元ピニンファリーナのデザイナーで、アルファ・ロメオ164（1987年）やGTV（95年）、スパイダー（95年）、ランチア・イプシロン（94年）などの作品がある。ほかの3人はすべてベルトーネに在籍したことがある。

答：④ エンリコ・フミヤ

Point いずれも著名なカーデザイナー。作品と略歴を確認してみよう。

Question 039

次のうち、車検の点検項目にはないものは？

①パーキングブレーキの引きしろ
②マスターシリンダーの液漏れ
③エンジンのコンプレッション
④マフラーの緩み

解説 車検とは、国土交通省が定める自動車検査登録制度のこと。「道路運送車両の保安基準」に適合しているかを調べるもので、灯火、制動装置、排気音、排出ガスなどについて検査する。

原動機、すなわちエンジンについての項目もあり、「運行に十分耐える構造及び性能を有する」かについて基準が定められている。振動、潤滑系統、冷却装置などの劣化に関しての基準はあるが、エンジンのコンプレッションの低下は公道を走行する上での危険とは関係がないため項目となっていない。

答：③ エンジンのコンプレッション

Point 車検はディーラーまかせという場合が多いが、自分のクルマの状態を把握しておくためには、点検項目のリストは見ておいたほうがいい。

Question 040

コモンレール式直噴ディーゼルエンジンに用いられるインジェクターで、従来の電磁ソレノイド式よりも高速な制御を可能にしたのは？

① ジョセフソン素子式

② ピエゾ素子式

③ ペルチェ素子式

④ ホール素子式

解説　ピエゾ素子とは、圧力が加えられるとそれが電圧に変換される圧電効果を持つ素子のこと。スピーカーやマイク、またインクジェットプリンターのヘッドなどに用いられている。

コモンレール式システムでは燃料を高圧にして蓄えておき、細かく制御しながら噴射を行う方式。その制御にピエゾ素子が使われることで、燃料噴射装置の高圧化、制御の高度化が実現している。これによって完全燃焼に近づけることが可能になり、ディーゼルのクリーン化が進められた。　**答：② ピエゾ素子式**

Point　コモンレール式システムは、ディーゼルのクリーン化に欠かせない技術。環境問題に関連して、出題される可能性の高いテーマだ。

Question 041

時速100kmで走行している時、3秒で進む距離は？
①約40メートル
②約80メートル
③約140メートル
④約190メートル

解説　単純な計算問題。100km、つまり100,000メートルを3,600秒で割ると27.7メートルとなり、それを3倍すると約80メートルとなる。

高速道路で走行中、ちょっと脇見をしただけでもこれだけ進んでしまう。携帯電話を使用したり、テレビを観たりしながら運転するのがいかに危険なことであるかがわかる。

答：② 約80メートル

Point　こうした計算問題は複雑な方程式が必要なものではないので、落ちついて考えれば必ずわかるもの。

Question 042

これらのクルマをデザインしたカロッツェリアは？

① ミケロッティ

② ピニンファリーナ

③ ベルトーネ

④ ザガート

解説　この写真は上がプジョー406クーペ、下がランチア・アウレリア・カブリオレ、右がアルファ・スパイダーで、いずれもピニンファリーナが手がけたものである。

答：② ピニンファリーナ

Point　個々のモデルが誰のデザインかは答えられても、逆の設問だとわかりにくいかもしれない。一度整理して覚えておくといい。

Question 043

三元触媒によって浄化・還元される物質の組み合わせとして正しいものは？

① 窒素酸化物・硫黄酸化物・粒子状物質
② 一酸化炭素・二酸化炭素・オゾン
③ 炭化水素・ダイオキシン・プラチナ
④ 一酸化炭素・炭化水素・窒素酸化物

解説 排ガスには一酸化炭素、炭化水素、窒素酸化物という有害物質が含まれていて、それを同時に浄化する装置が三元触媒である。一酸化炭素と炭化水素を酸化し、窒素酸化物を還元することで、それぞれを無害な物質に変えて浄化する。そのために必要なのが触媒で、白金、ロジウム、パラジウムなどが使われる。

処理が有効に行われるためには完全燃焼していることが必要で、排ガス中に酸素が含まれると効率が落ちてしまう。したがって、常に排ガス中の酸素を測定して理論空燃比を保つ電子制御燃料噴射装置と組み合わせて使うことが必要である。

答：④ 一酸化炭素・炭化水素・窒素酸化物

Point 酸化とは物質が電子を失う化学反応のことで、還元は逆に電子を受け取る反応をいう。その過程で反応を助ける物質が触媒で、自身は変化しない。

Question 044

日本の自動車総生産がアメリカを抜き、世界第1位に なったのは何年？
①1970年
②1975年
③1980年
④1985年

解説 アメリカは対日貿易赤字が増大し、貿易摩擦の象徴として日本車がターゲットにされた。日本車をハンマーで叩き壊すといったデモンストレーションが日本のニュース映像でも流れた。日本側は米国内での生産をはかり、現地部品調達率のアップに努めるようになる。**答：③ 1980年**

Point 日米貿易摩擦といった経済史的な面でも重要だが、現在では当たり前となった国外生産のきっかけとなった出来事でもある。

Question 045

ニューヨークのタクシー（イエローキャブ）の代名詞ともいえるクルマを製造していた、今はなきアメリカのタクシー車両を手掛けるメーカーは？
①カーボディーズ
②チェッカー・キャブ
③アメリカン・ラ・フランス
④GMC

解説　少し前のアメリカ映画でよく見かけた、クラシックなスタイルのタクシーが"チェッカー・キャブ"だ。

　会社の正式名はチェッカー・モータース・コーポレーション。本拠地はミシガン。1922年に設立された会社で、創業当初よりタクシー専用車を手掛けていた。

　1960年代中頃には通常のマラソンと名付けられたセダンのほかに、それをストレッチした8枚ドア・12人乗りの長大なリムジンや、ワゴンを製作していた。1982年6月に活動を停止している。

答：② チェッカー・キャブ

Point　ニューヨークのタクシーがチェッカー・キャブ、ロンドンタクシーはカーボディーズが造っている。

Question 046

ホンダF1が初優勝したのは1965年のメキシコGPだが、2勝目はいつ？
①1966年
②1967年
③1968年
④1969年

解説 ホンダ初優勝は有名だが、2勝目は意外と知られていないかもしれない。1967年のイタリアGPで、ホンダがローラと共同で作ったRA300をジョン・サーティーズがドライブし、追いすがるブラバムを僅差で抑えて勝利したのだった。 **答：② 1967年**

Point ホンダF1の第1期は65年メキシコGPと67年イタリアGPの計2勝を挙げた。

Question 047

フォルクスワーゲンが採用したTSIエンジンについて述べている項目で間違っているのは？

① スーパーチャージャーとターボチャージャーを組み合わせている

② 小型軽量ながら高出力が得られる

③ 省燃費が期待できる

④ ディーゼルエンジンである

解説

はじめにゴルフに搭載されて次々に採用車種を増やし、今やフォルクスワーゲンの主力となったTSIエンジンは、直噴ガソリンエンジンにツインチャージャーを組み合わせた低燃費・高出力を追求している。

ただ、当初はツインチャージャーのみの設定だったが、その後ターボチャージャーのみを装着したユニットも登場し、現在では「TSI＝ツインチャージャー」ではない。

答：④ ディーゼルエンジンである

Point

もともと、フォルクスワーゲンではTSIを何かの略語であると表明したことはなかった。

Question 048

元レーシングドライバーで、現在はベテランジャーナリストとして知られるポール・フレールは、1960年のルマン24時間レースでオリヴィエ・ジャンドビアンと組んで優勝を果たした。このときに乗ったマシンのメーカーは？

①ポルシェ

②ジャガー

③フェラーリ

④メルセデス・ベンツ

解説　1960年にはすでにジャーナリストとしても活動していたポール・フレールはスポーツカーレースやグランプリレースにも出場していた。このルマン優勝という最高の結果をもって、本格的なレースからは引退した。

海外の自動車ジャーナリストとしては最も早くから日本に注目していたひとりである。

2008年2月23日、91年の生涯を終えた。　**答：③ フェラーリ**

Point　ポール・フレールはジャガーのスポーツカーで活躍した印象が強いが、意外にもルマン優勝を遂げたのはフェラーリである。

第一回CAR検　解答＆解説／2級

Question 049

次のうち、最も大きな排気量の4気筒エンジンを搭載したクルマは？

① ダットサン・フェアレディ

② ポルシェ944S2

③ 三菱デボネア

④ ランチア・ガンマ

解説 ダットサン・フェアレディは1982cc、デボネアは2555cc、ガンマは2484cc。944 S2は2990cc。ポルシェ944は1981年に実質的に924の後継モデルとして発表。デビュー時の排気量は2479ccだった。

その後、DOHC化した944S、ターボが追加され、さらに1989年モデルとして944S2へと発展、ついに2990ccにまで拡大された。

答：②ポルシェ944S2

Point 944S2の気筒当たり排気量は750ccに達していた。スポーツカーとしては稀な例だ。

Question 050

2005年にフェルナンド・アロンソが、F1選手権でドライバーズ・チャンピオン・タイトルの最年少記録を更新したが、それまでの記録保持者は？

① ニキ・ラウダ

② エマーソン・フィッティパルディ

③ ジャック・ヴィルヌーヴ

④ ミハエル・シューマッハー

解説　アロンソは24歳1か月でチャンピオンとなり、1972年優勝のフィッティパルディの25歳8カ月という記録を破った。23年ぶりの記録更新だった。

F1も他のスポーツと同様に英才教育によるドライバーの低年齢化が進んでいる。アロンソの記録保持は長くないかもしれない。　　**答：②エマーソン・フィッティパルディ**

Point　アロンソはほかにも初のスペイン人チャンピオンという記録も持っている。

第一回CAR検　解答＆解説／2級

Question 051

リーンバーン領域で発生しやすいとされる物質は？
① CO
② NOx
③ H_2O
④ HC

解説 リーンバーンとは、希薄燃焼のこと。理論空燃比より薄い混合気で燃焼させている状態を指す。この場合、酸素過多の状態になるため窒素酸化物、すなわちNOxが発生しやすくなる。

NOxには、一酸化窒素、二酸化窒素、亜酸化窒素などいくつかの種類があり、それらを総称するために変数を表す「x」を使っている。ノックスと発音することが多い。　**答：② NOx**

Point 理論空燃比は英語でストイキメトリーといい、ストイキと略して書かれることもある。

Question 052

現在のF1世界選手権において、総合優勝(ワールドチャンピオン)で最多7回のミハエル・シューマッハーに次ぐ回数のドライバーは?

① ジャック・ブラバム

② ジャッキー・スチュワート

③ アラン・プロスト

④ フアン・マヌエル・ファンジオ

解説　ファンジオが51、54、55、56、57年の計5回の記録を持っていた。プロストは4回(85、86、89、93年)、スチュワートは3回(69、71、73年)、ブラバムは3回(59、60、66年)。

これらに対し、シューマッハーは94～95、2000～2004年の5連勝を含む7回である。

答：④ フアン・マヌエル・ファンジオ

Point　ファンジオの記録もF1草創期に達成され、50年近く破られなかった。半世紀にわたる大記録である。

Question 053

ハイオク仕様のクルマにレギュラーガソリンを入れた時、発生する可能性の高い現象とは？
①ピッチング
②サージング
③ノッキング
④ハイドロプレーニング

解説 ハイオクガソリンとは、アンチノック性を高めたガソリンのことをいう。ハイオクの使用を前提とした高性能エンジンにオクタン価の低いガソリンを使用すると、ノッキングが起きてしまうことがある。

①のピッチングは、クルマの前後が上下方向に揺れること。②のサージングは、エンジンが高回転になった時に吸排気バルブがカムの動きについていけなくなること。④のハイドロプレーニングは、タイヤが水の上に乗ってコントロールが利かなくなることを意味する。

答：③ ノッキング

Point ハイオクとはオクタン価の高いガソリンを指し、日本工業規格ではオクタン価が96以上のものと定められている。プレミアムガソリンと呼ばれることもある。

Question **054**

1965年に登場したコロナのスポーツモデル(写真)はボディ形式を車名に採用したが、その車名とは？

① クーペ
② ファストバック
③ ハードトップ
④ 2ドアセダン

解説 このころの日本の乗用車は4ドアモデルが主流だったが、そこに投じられた"ハードトップ"は大きな一石となった。

やっと"マイカー"という言葉が歩み始めたころ、決してタクシーに見えない2ドアの"ハードトップ"は眩しいほど高貴に見えたものだ。

答：③ ハードトップ

Point 日本でもそれまでのファミリーカーばかりでなく、このハードトップモデルからパーソナルカーという個人へ向けたクルマが誕生していった。

第一回CAR検 解答＆解説／2級

Question 055

F1チームのマクラーレンを設立したブルース・マクラーレンは、F1以外でどんなジャンルのレースで大活躍していた？
①NASCARシリーズ
②CAN-AMシリーズ
③インディカー・シリーズ
④ドラッグレース・シリーズ

解説　ブルース・マクラーレンは自らのチームを興してF1で活躍していたが、それよりも大きな成功を収めたのがアメリカとカナダを舞台に大排気量マシーンで戦うCAN-AMシリーズだった。

チームメイトのデニス・ハルムと組み、66年から同シリーズを席巻するが、70年用マシーンの開発テスト中に事故死した。

ブルース・マクラーレンが亡くなったあと低迷したチームは、現在の代表ロン・デニスのチームだったプロジェクト4と合併した。

答：② CAN-AMシリーズ

Point　F1の代表的チームのマクラーレンだが、チームを創設したブルースの現役時代はむしろアメリカでの活躍のほうが華々しかった。

Question 056

以下のクルマで登場年がもっとも新しいのはどれ？

① シボレー・コルベット

② ナッシュ・ヒーレー

③ フォード・サンダーバード

④ スチュードベイカー・アヴァンティ

解説 　ここに挙げた4台はすべてアメリカのスポーティなパーソナルカーだ。コルベット(53年)、フォード・サンダーバード(55年)、ナッシュ・ヒーレー (53年)とすべて1950年代の生まれだが、スチュードベイカー・アヴァンティは1963年。高名なデザイナー、レイモンド・ローウィが手掛けたスタイリッシュな4座クーペだ。

答：④ スチュードベイカー・アヴァンティ

Point 　車名だけだと難しいかもしれないが、それぞれのデザインを確認してみれば、スチュードベイカー・アヴァンティがもっとも新しいクルマであるのが理解できる。

Question 057

トヨタ2000GTについての記述で間違っているものはどれ？

① バックボーン型フレームを持つ

② 谷田部の日本自動車研究所で国際速度記録を樹立した

③ 富士24時間レースで優勝した

④ 生産台数は500台以上

解説　2000GTが発売されたのは1967年5月で、価格は238万円だった。

クラウン・デラックスが100万円、カローラの4ドア・デラックスが52万円。高性能ツーリングカーとして名を馳せていたニッサンプリンス・スカイライン2000GT-Bさえ94万円で買えた時代の話だから、トヨタ2000GTは極めて高価だった。

日本で最高の性能とメカニズムを持つとはいえ、当時、1台のクルマにこれほどの大枚を投ずることのできる人は少なく、3年あまりの間に337台を造っただけで1970年8月に生産を終えた。

答：④ 生産台数は500台以上

Point　60年代に自動車技術の粋を結集したクルマだが、その生産台数の少なさも希少価値を増すことになった。

Question 058

1965年7月18日に船橋サーキットで行われた全日本クラブ選手権レース大会において、16位から驚異的な追い上げでついに優勝を遂げた伝説のドライバーは？

① 田中健二郎
② 黒沢元治
③ 生沢徹
④ 浮谷東次郎

解説 浮谷東次郎は1964年5月の第2回日本GPのT-Vクラスにトヨペット・コロナでデビューし、コロナ勢では最上位の11位でゴールしている。同年9月にはイギリスのジム・ラッセル・レーシングスクールに入校。帰国後はトヨタ・スポーツ800と、ホンダS600を改造した"カラス"で活躍する。

1965年7月18日に船橋サーキットで行われた全日本自動車クラブ選手権では、GT-Iクラスではトヨタ・スポーツ800をドライブして日本のレース史上に残るという猛追劇を演じて優勝を果たしたほか、同じ日のGT-IIレースにもレーシング・エランで優勝を果たしている。

同年の8月20日に鈴鹿サーキットでの練習中に事故で他界した。享年23。　　　　　　　　　　　　　**答：④浮谷東次郎**

Point この日のトヨタスポーツ800に乗る浮谷と、プライベート出場の生沢徹が駆るホンダS600の勝負は日本のレース草創期の名勝負の一つ。

Question 059

現在の天皇御料車として使われているリムジンはどこのメーカーの製品か？

| ①ロールス・ロイス |
| ②マイバッハ |
| ③トヨタ |
| ④日産 |

解説

1967年に導入された日産プリンス・ロイヤルが長く使われてきたが、老朽化のため、2006年からはトヨタ・センチュリー・ロイヤルが用いられるようになった。

現行のセンチュリーをベースとした4ドア8座リムジンで、全長6155×全幅2050×全高1770mm。エンジンはセンチュリーと同じ5ℓV12だが、チューンの程度は不明。

生産台数は4台（寝台車の1台を含む）の予定で、2006年7月に1台目が宮内庁に納入され、9月28日の臨時国会開会式に出席する際から使われている。価格は5250万円（税込）とこの種のリムジンとしてはたいへん安価だ。一般への販売は行われない。

答：④ トヨタ

Point

40年近く使われてきたプリンス・ロイヤルが交代するということで、自動車業界ばかりでなく、一般誌でも取り上げられるなど話題となった。

Question 060

1989年にレクサスが開業する以前に北米に進出した日本車のプレミアムブランドは？
①サイオン
②アキュラ
③インフィニティ
④ダットサン

解説 ホンダのプレミアムブランドであるアキュラは、レクサスに先駆けて1986年に北米で開業している。RL(レジェンド)、TL、MDXなどがラインナップされている。

アメリカ、カナダ、メキシコ、中国で展開されており、日本でも2010年をめどにブランドが導入される予定となっている。

答：② アキュラ

Point サイオンは、アメリカの若年層をターゲットにしたトヨタのブランドで、イストやbBを仕立て直したモデルなどがラインナップされている。

第一回CAR検 解答＆解説／2級

Question 061

フェラーリがルマン24時間レースに初優勝したのは何年のこと？

① 1934年
② 1949年
③ 1954年
④ 1965年

解説　1929年にスクデリア・フェラーリを設立して、アルファロメオのレース活動を担っていたエンツォ・フェラーリは、39年にアルファを離れて独立し、第二次大戦後の47年に自らの名を冠したレーシングマシーンを開発した。

1949年に開催された戦後初めてのルマン24時間では、166MMに乗るキネッティ／セルスドン組が優勝を果たし、フェラーリの名を世界に知らしめた。　　　**答：② 1949年**

Point　今では誰もが知っているフェラーリだが、創業は第二次大戦後のメーカーである。これに対してマセラティは1926（昭和元）年に設立されている。

Question 062

長嶋有の芥川賞受賞作品で、作中に白いシビックが登場する作品の名は？

①サイドカーに犬
②夕子ちゃんの近道
③エロマンガ島の三人
④猛スピードで母は

解説 主人公の母が白いシビックで10台のビートルを追い抜く場面が印象的な作品。第126回（2001年下半期）芥川賞を受賞している。

この作品は、母と子でタイヤ交換をする場面の細かい描写から始まり、自動車の出てくるシーンが多い。単行本に同時収録されている『サイドカーに犬』でも、「スバル３６０」「ケンメリ」などの名が登場し、自動車のイメージが全編を覆っている。

さぞや自動車好きなのかと思わせるが、実は長嶋有本人は運転免許を持っていなかった。　　　**答：④ 猛スピードで母は**

Point 自動車が多く登場する作品の多い芥川賞作家としては、最近では絲山秋子がいる。『イッツ・オンリー・トーク』には、オペル・アストラCDなどが出てくる。

Question 063

2007年上半期に中華人民共和国で生産された自動車（乗用車・商用車）の台数は？

① 約150万台
② 約300万台
③ 約450万台
④ 約600万台

解説

中国では2006年に年間720万台の自動車を生産したが、2007年はさらに数字を伸ばして上半期で前年同期比20％以上となる約450万台をすでに生産した。

最終的には、2007年の1年間で888万台が生産された。これは、前年比22％増にあたる。

2008年には、中国の自動車生産台数は1000万台を越えると見られている。

答：③ 約450万台

Point

上海汽車、第一汽車、東風汽車が中国の3大メーカーで、100万台を越える規模を持つ。

Question 064

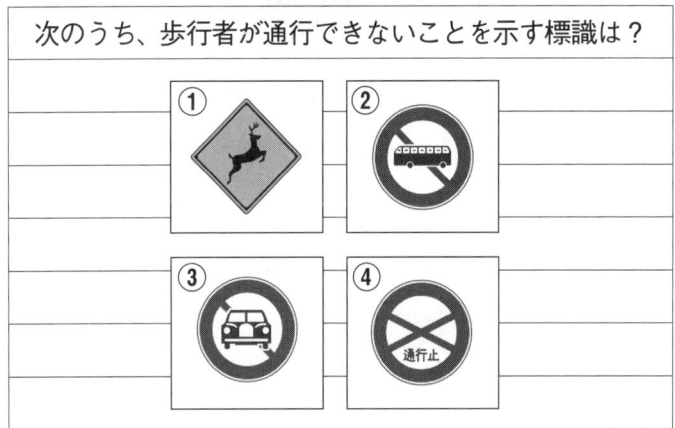

次のうち、歩行者が通行できないことを示す標識は？

① ② ③ ④

解説 ①は「動物が飛び出すおそれあり」、②は「大型乗用自動車通行止め」、③は「二輪の自動車以外の自動車通行止め」を表す。④は歩行者も含めての「通行止め」。

答：④

Point 単に通行止めという場合は、自動車だけでなく、自転車や歩行者も通ることができない。

第一回CAR検　解答＆解説／2級

Question 065

世界3大レースと呼ばれる、A:モナコ・グランプリ、B:ルマン24時間、C:インディアナポリス500マイルレースを歴史が古い順に並べると正しいものは？

① A B C
② B C A
③ C B A
④ C A B

解説 初開催の年はそれぞれ、モナコGPが1929年、ルマンが1923年、インディが1911年。すべてに優勝したドライバーは、唯一グレアム・ヒルだけである。

いずれのレースもよく知られるだけあって、クラシックと呼ばれるにふさわしい歴史がある。　　　　　**答：③ C B A**

Point 定番のレースは結果だけでなく、開催時期なども要チェック。最古のグランプリレースは1906年に開催されたACF（フランス）GPだ。

Question 066

2006年の日本の輸入車台数は？
①約2万台
②約26万台
③約42万台
④約56万台

解説 1996年に42万台を超えて史上最多を記録した日本の輸入車台数だが、2年後の1998年には30万台の大台を割り、その後一度も大台を回復していない。

答：② 約26万台

Point 1996年に輸入車が史上最多となったのは、バブル期に進められた外国企業の日本法人化、輸入車ディーラーの設備投資の結果といわれている。

Question 067

ホンダがF1で初優勝した1965年メキシコGPで、優勝したマシンをドライブしたのは？

① ロニー・バックナム

② リッチー・ギンサー

③ ジョン・サーティース

④ ジョー・シュレッサー

解説　1964年にF1に参戦したホンダは、翌65年はロニー・バックナムに加えて、経験のあるリッチー・ギンサーをドライバーに加えた。ギンサーを加えたのはマシーンの熟成開発が必要だったためである。最終戦のメキシコGPでギンサーが優勝し、バックナムも5位に入った。

答：② リッチー・ギンサー

Point　ギンサーの初優勝はホンダだけではなく、グッドイヤーにとっても初勝利だった。

Question 068

次のうち、ニコラウス・アウグスト・オットーが内燃機関を発明した年の出来事は？

| ①ベルが電話を発明 |
| ②ロシア革命 |
| ③盧溝橋事件 |
| ④ワーテルローの戦い |

解説 オットーが内燃機関を発明したとされるのは、1876年。②と③は20世紀の出来事で、④はナポレオン時代のもの。

オットーは1867年に大気圧式のガス・エンジンを完成させているが、まだ実用には遠いものだった。

1872年にオイゲン・ランゲンとともにガスモトーレン・ファブリーク・ドイツを設立し、そこに工場長としてゴットリープ・ダイムラーを迎える。そして、4ストロークエンジンの概念を確立したのが1876年であるとされている。

答：① ベルが電話を発明

Point 必ずしも正確な年を覚えていなくても、不正解の選択肢は明確に時代の異なるものなので、焦らずに考えればわかるはず。

Question 069

世界初のミドシップ市販車といわれるのは？

① ランボルギーニ・ミウラ

② ロータス・ヨーロッパ

③ ルネ・ボネ・ジェット

④ フィアットX1/9

解説 ミドシップ自体は自動車黎明期にも採用されていたレイアウトだが、どれも極めて少なく、まとまった数量で生産された初めての例はルネ・ボネ・ジェットというのが定説になっている。

フランスのルネ・ボネが、長年にわたって小型高性能車を追求した結果、1963年に登場した"ジェット"でミドシップを採用した。ルノーのエンジンとギアボックスを搭載している。

65年には自動車生産に乗り出したミサイルメーカーのマートラが、ジェットの生産を引き継ぎ、ほぼそのまま引き継ぎマートラ・ジェットの名で市販した。

答：③ ルネ・ボネ・ジェット

Point フランスのメーカーはクルマにも個性を重んじて実験的なモデルに積極的に取り組む傾向がある。このミドシップ市販車もその例に挙げられる。

Question **070**

A～Dすべての条件を満たす人物は？
[A]グランプリ・ブガッティを所有していた[B]ポルシェ911を愛用していた[C]ランチア・ラムダで新婚旅行に出かけた[D]ベントレーでヨーロッパ大陸を旅行した
①白洲次郎
②三井高公
③吉田茂
④大倉喜七郎

解説 白洲次郎は終戦直後、GHQが支配していた日本で吉田茂の側近として活躍した。独立復興後は東北電力会長等を歴任。夫人は作家・随筆家の白洲正子。

神戸一中を卒業後、イギリスのケンブリッジ大学クレア・カレッジに留学。自動車に魅了され、GPブガッティやベントレーを愛用し、親友のロバート・セシル・ビングとともに、ベントレーでジブラルタルまでのヨーロッパ大陸旅行を実行している。

答：① 白洲次郎

Point 近年、白洲次郎についての書籍の発刊やドキュメンタリー番組の放映が相次ぎ、その政治的手腕や、イギリス仕込みの日本人離れした姿勢に再度注目が集まった。自動車好きという点もつとに知られている。

Question 071

4気筒4サイクルレシプロエンジンの点火順序のうち正しくないのは？（直列型とは限らず、出力軸側を後方とする）

① 1-3-4-2

② 1-2-4-3

③ 1-2-3-4

④ 1-4-3-2

解説　短時間に集中して起こる気筒内の圧力と往復・回転運動の慣性力を分散させ、しかもその力を打ち消し合うような点火の順序となるのが直列型では①の1-3-4-2と②1-2-4-3、水平対向型では④1-4-3-2。

答：③ 1-2-3-4

Point　隣り合ったシリンダーが続けて燃焼してしまうと、トルク変動が大きくなり、エンジンは滑らかに回転することができない。

Question 072

映画『若大将シリーズ』の中で、ブルーバード510でラリーに参加する作品は？

①ゴー！ゴー！若大将
②日本一の若大将
③激突！若大将
④若大将対青大将

解説　シリーズ第11作で1967年大晦日に公開された作品が『ゴー！ゴー！若大将』である。京南大学自動車部の選手の代役として関西ラリーに参加する設定となっている。

②はマラソン、④はオートバイで競い合う設定となっている。③は1976年の製作で、草刈正雄が主演した作品。

答：① ゴー！ゴー！若大将

Point　若大将は大学を卒業後「日東自動車」に就職するが、これは日産自動車がモデルになっていると言われている。

第一回CAR検　解答＆解説／2級

Question 073

次のエンブレムのうち、イタリア車のものは？

① ② ③ ④

解説　①はデ・トマゾ、②はダッジ(アメリカ)、③はラーダ(ロシア)、④はシュコダ(チェコ) のエンブレム。

答：①

Point　デ・トマゾの代表的なモデルとしては、パンテーラ、バレルンガ、マングスタなどがある。同社を創業したのは元レーシング・ドライバーのアレッサンドロ・デ・トマゾ。

Question 074

次に挙げる小型大衆車で設計に着手した時期が最も古いクルマは？

① ルノー4CV

② BMCミニ

③ フォルクスワーゲン・ビートル

④ フィアット500

解説 どれもヨーロッパの優れた小型車で、大成功を収めたことで世界中のクルマに大きな影響を与えている。秘密裏に行なわれたに違いなく、正確な開始時期は明らかではないが、プロトタイプが完成した時期はわかっているので、この時点を開発開始時期と考えてみると、VWビートルが最も古い。ルノー4CVは1943年12月に4CVのプロトタイプが完成。BMCミニは1957年3月頃に設計に着手し、57年秋には試作車の走行テストが始まっている。VWビートルのコンセプトは設計者であるポルシェ博士が長年にわたって暖めてきたものだ。このアイディアは、まずポルシェ・タイプ12ツュンダップ・フォルクスアウト（1932年完成）に姿を現し、次作のタイプ32NSUフォルクスアウト（1933年に着手、34年春に完成）がビートルの直接の起源と考えて間違いない。④フィアット500のプロトタイプであるZeroAは、34年10月にテスト中に撮影された写真が残っている。

答：③ フォルクスワーゲン・ビートル

Point ポルシェ博士の大衆車の夢は、人心を集める道具としてヒトラーに利用されることになる。

Question 075

日本車で初めてサファリ・ラリーに優勝したクルマは？

① トヨペット・コロナ（RT50）

② 三菱パジェロ

③ ダットサン・ブルーバード（510）

④ プリンス・スカイラインGT

解説 サファリといえば日産といわれるほど70年代の日産はサファリ・ラリーに強かった。しかし簡単に栄誉を得たわけではない。

日産のサファリ挑戦の主役はブルーバード。まず、1963年に312型で始まり410型で経験を積んだあと510型で優勝を狙えるまでになった。70年の優勝後は240Zが後を受け継いだ。

答：③ ダットサン・ブルーバード（510）

Point クルマの信頼性、優秀性を証明しようと、過酷な環境のサファリに日産は早くから参戦した。

Question 076

以下のクルマはすべてFRP製ボディを備えている。このなかで最も早くFRPボディを採用したクルマは？

① ダットサンS211スポーツ

② シボレー・コルベット

③ アルピーヌA110

④ ロータス・エラン

解説　シボレー・コルベット(1953年)と、ダットサンS211スポーツ(1959年)だけが1950年代の生まれだ。以来、コルベットはFRPをボディの素材に使い続けているから、GMはおそらく世界中で最も多くFRPボディを手掛けた自動車メーカーだろう。

アルピーヌA110とロータス・エランは1960年代に入ってから。ロータスは以前にはエリート(1957年)でFRP製のフルモノコックボディを採用したことがあり、アルピーヌも1950年代中頃からFRPボディに取り組んでいる。

答：② シボレー・コルベット

Point　コルベットは初の純アメリカ製スポーツカー。この初の試みに画期的な新素材を使用しようとFRPが使われたという。

Question 077

日本と同様に左側通行の国は？
①メキシコ
②スペイン
③タイ
④中国

解説 世界で見ると左側通行は少数派で、そのほとんどはイギリスと旧イギリス植民地である。オーストラリア、ニュージーランド、インドなどが左側通行である。タイはイギリスとの関係はないが、左側通行でクルマは右ハンドルである。

答：③ タイ

Point 日本でも米軍占領下の沖縄では右側通行だったが、本土復帰から6年を経た1978年に左側通行に戻された。

Question 078

ロータスの創業者であるコリン・チャプマンは、あるクルマを改造して競技用車両を作り始め、これがロータス社の発端になる。そのベースとなったクルマとは？

① フォルクスワーゲン・ビートル
② オースチン・セヴン
③ フォード・アングリア
④ モーリス・ミニ

解説

チャプマンは、ロンドン大学ユニバーシティ・カレッジに在学中の1945年ごろ、友人とともに中古車ブローカーのアルバイトに勤しんでいた。

店じまいするにあたって、売れ残っていた1930年式オースチン・セヴンを自分のために改造したトライアル競技用のスペシャルを造った。これが記念すべきロータス・マークⅠだ。

答：② オースチン・セヴン

Point

売れ残った中古車を改造したことからロータスが始まった。

Question 079

ゴダールの映画『ウイークエンド』に登場する日本車は？

① トヨタ2000GT

② いすゞ・ベレット

③ ホンダS800

④ プリンス・スカイライン・スポーツ

解説　『ウイークエンド』は1967年の作品で、いわゆるヌーベルバーグ時代のもの。クルマ好きで知られるゴダールは延々と続く渋滞のシーンに数多くの名車を登場させている。

ホンダS800はジャン＝ピエール・レオーの演じる電話ボックスの男の愛車として登場する。

ゴダールは他の作品でも、たびたび自動車を登場させている。『気狂いピエロ』では、青いジュリア・スパイダーが印象的に使われている。『勝手にしやがれ』は主人公が自動車泥棒という設定だった。

答：③ ホンダS800

Point　やはりフランス車が圧倒的に多く、シトロエン、プジョー、ルノーはもちろん、マトラ、シムカ、ファセル・ベガがスクリーンに登場する。

Question 080

元ポルシェ設計事務所の技術者で、後にアルファロメオに移ってアルファスッドの開発にあたった人物は？
①ルディ・フシュカ（ルスカ）
②フォン・エーベルホルスト
③カルロ・アバルト
④ハンス・メツェガー

解説 当時まだ国営企業だったアルファは国策に沿って南イタリアの経済振興のためにナポリに新工場を建設した。そこで生産するアルファスッドの開発責任者に就任したのはルディ・フシュカである。

スッドとはイタリア語で南の意、これに対してミラノの本家はノルド（北）。アルファスッドは前輪駆動、水平対向SOHC4気筒エンジンを搭載し、ジウジアーロがスタイリッシュで広い室内を持つボディを架装した。**答：① ルディ・フシュカ（ルスカ）**

Point ポルシェ事務所からは優れた設計者が巣立っていった。ルドルフ・フシュカは、同事務所から第二次大戦後にイタリアで産声を上げた振興メーカーのチシタリアに派遣された。その後、アルファロメオに職を得た。

Question 081

世界で最初にGPS方式のカーナビゲーションを搭載した生産車は?

① 日産レパード

② ユーノス・コスモ

③ ホンダ・レジェンド

④ 三菱ディアマンテ

解説

ユーノス・コスモは今から見れば存在感の薄いクルマだが、デビューした1990年当時はマツダの高級スペシャルティカーと位置づけられていた。唯一の3ローター・ロータリーエンジン車であることや、CCSと呼ばれた世界初のGPSカーナビが載ったことでも話題となった。

530万円の最高級グレードだけに用意されていたことからも、このカーナビは高級車の象徴だったことがわかる。

GPS方式のカーナビは、地球を取り巻く24個の衛星から発信される情報を利用してクルマの現在地を測定し、カーナビの地図上に表示する。カーナビ技術の発達、詳細な地図の電子化、もともとアメリカの軍事目的衛星だったGPSシステムの民間利用が可能になったことで、1990年に実用化された。

答:② ユーノス・コスモ

Point

コスモが最初の搭載車というのは意外かもしれない。バブル期には電子制御技術で世界の先端を行くようになった日本の各メーカー。そのフラッグシップたる高級スペシャルティカーには数々の新技術が盛り込まれた。

Question 082

イギリスのレーシングエンジン開発製作会社で、DFVの名で知られるF1エンジンで大成功を収めたのは？

①コヴェントリー・クライマックス
②コスワース
③ジャッド
④ホルベイ

解説 F1の排気量制限が3リッターになった2年目の1967年にコスワースDFVが登場。当初はロータスだけへの供給だったが、ほどなくどのチームにも等しく供給・販売された。

軽量で小型、使いやすいパワーバンド、高い信頼性などから多くの勝利を得て、67年のオランダGP以降83年のデトロイトGP（正確にはDFY）まで、実に155回のGP勝利を、そしてのべ15人のワールドチャンピオンを生んだ。　**答：② コスワース**

Point F1の一時代を築いたコスワースDFVエンジン。コンパクトで無駄のない設計がその強さを生んだ。

Question 083

次の交通標識のうち、「つづら折あり」を示すのは？

① ② ③ ④

解説

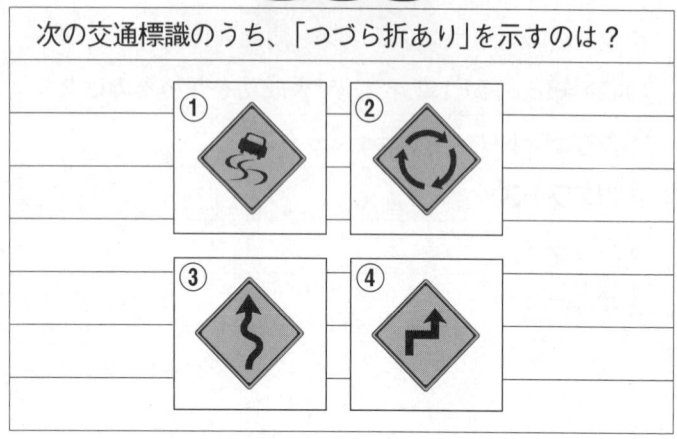

①は「すべりやすい」、②は「ロータリーあり」、④は「左右背向屈折あり」を示す。

つづら折りは「九十九折り」とも書くように、曲がりくねった山道を言う。

答：③

Point

この4つはすべて警戒標識で、黄色地に黒で表される。警戒すべきことや危険を知らせて、注意深い運転を促すために設置されている。

Question 084

ニューヨーク近代美術館に永久展示された初めての自動車は？

① フェラーリ166

② チシタリア202

③ プジョー402

④ モーリス・マイナー（ミニ）

解説 60年も前の1947年にピニンファリーナによってデザインされたものだが、フェンダーをボディと一体化させ、さらにフェンダーがボンネットより高いなど、現代の自動車の普遍的なスタイルを完成させたデザイン史上で重要なモデル。今の目で見れば普通のクルマに見えてしまうが、だからこそ定型を作った偉大さが表れているといえるだろう。

答：② チシタリア202

Point ニューヨーク近代美術館は自動車をデザインという面で評価した点で功績を残した。

第一回CAR検 解答＆解説／2級

Question 085

次のうち、実際に存在する映画の題名は？

① The Engine

② The Transmission

③ The Steering Wheel

④ The Car

解説　『The Car』は1977年公開の映画で、スピルバーグの『激突！』からの影響がうかがえるホラー映画。
サンタイネスという田舎町に突如黒塗りのクルマが出現し、サイクリング中の男女をひき殺すなど、無差別な殺戮を繰り返す。無骨なデザインの殺人カーは、リンカーンをベースにした改造車である。

車内からの主観目線での映像が使われるが、運転者は登場しない。クルマ自体が悪魔の化身であったという設定はB級ホラーにありがちで、不条理な殺意が恐怖を募らせる『激突！』の斬新さは特筆すべきものであったことが比較するとよくわかる。

答：④ The Car

Point　『激突！』で主人公のセールスマンが乗っていたのは、クライスラーのプリマス・バリアントだった。

Question 086

アメリカの社会運動家ラルフ・ネーダーが1965年に著した書籍、『どんなスピードでも自動車は危険だ：アメリカの自動車に仕組まれた危険』のなかで、操縦性に問題有りとして糾弾したコンパクトカーは？

① プリマス・ヴァリアント
② ランブラー・アメリカン
③ シボレー・コルベア
④ フォード・ファルコン

解説　GMが1960年にコンパクトカー市場に投入したのがシボレー・コルベア。VWビートルの好評ぶりに悩まされていたアメリカのメーカーは、1960年代の初頭に相次いで小型車を市場に投入した。どれも既存のモデルを"縮小コピー"し、エンジンなどの主要コンポーネンツも既存品を多用して製作されていた。

これに対し、コルベアはVWビートルを範としてリアエンジンとし、専用設計の空冷アルミブロックの水平対向6気筒エンジンを採用、スタイリングにも欧州的な要素を加えていた。

消費者運動を展開していたラルフ・ネーダーが、市場で大多数を占めるフロントエンジン車と比較して、オーバーステアに陥る確率が高いコルベアは危険だとして、1960年代中頃から「欠陥車」という内容のネガティブキャンペーンを展開した。　**答：③ シボレー・コルベア**

Point　ネーダーの運動により、GMの意欲作コルベアは消えることとなったが、安全装備の充実やリコール制度の発足など、自動車メーカーの利用者へ対する意識を大きく変えた。

Question 087

以下のイギリスの小規模自動車メーカーのなかで、市販モデルに木製ベニアで作ったシャシーを用いたことのある会社は？

① モーガン
② MG
③ マーコス
④ ロータス

解説　木材を使ったクルマといえば、真っ先にモーガンを思い浮かべるだろう。もちろんモーガンも木を使用しているが、場所は床やボディの木骨などでシャシーは鋼板製だ。

これに対して初期のマーコスは合板ベニア製のシャシーを備えていた。マーコス(Marcos)の名はジェム・マーシュ(Jem Marsh)の"Mar"とフランク・コスティン(Frank Costin)の"Cos"を組み合わせたもので、コンペティションカーのメーカーとして1959年に誕生した。

設計担当のフランク・コスティンは、第二次大戦中の名機であるモスキートの設計に従事したことがあり、この経験を生かして合板ベニアでシャシーを製作し、これに空力的なFRPボディ架装した初代Marcos GTを完成させた。

木製シャシーを持つマーコスは、1969年にスチール製シャシーが採用されるまで生産され、レースで活躍した。　　**答：③ マーコス**

Point　航空機の技術を応用して、マーコスは木製シャシーに空力的なFRPボディが架装された。

Question 088

以下の高速道路の中で、最初に部分開通し、日本の高速道路時代の幕開けと言われた道路は？

| ①東北 |
| ②関越 |
| ③名神 |
| ④東名 |

解説 名神高速道路は愛知県小牧市が起点で、岐阜、滋賀、京都、大阪を経て兵庫県西宮市へ至る高速自動車国道（A路線）の営業路線名。法定路線名は中央自動車道西宮線で、この一部区間にあたる。

小牧IC〜西宮ICを「名神高速道路」と呼ぶ。1963年7月に栗東IC〜尼崎ICが部分開通したが、これが日本で初めての高速自動車道路の開通となり、我が国の高速道時代の幕開けとなった。1965年6月に愛知県内の小牧IC〜一宮ICが開通、これで全線が開通した。

答：③ 名神

Point 東名よりも名神のほうが開通は早かった。
東名は1968年に部分開通し、69年5月に全線開通。

Question 089

次に掲げた人物のうち、アメリカの自動車殿堂に入っていない人物は？

① 本田宗一郎
② 片山豊
③ 鈴木修
④ 豊田英二

解説 自動車製造に100年余の歴史を持ち、Nation on the wheelsとも呼ばれるアメリカはその進歩・発展に貢献した先人たちに敬意を払い、顕彰する制度を早くから設けていた。

1939年にニューヨークで発足した"オートモーティブ・オールド・タイマーズ"なる組織がその前身。当初から互いの利害を超えた非営利法人として設立され、広く対象を自動車および関連業界全体と世界に求めた結果、今日では200人以上の偉人・才人・傑物が名を連ねている。

組織は60年にワシントンD.C.へ、71年にはミシガン州ミッドランドへと移転。75年には初の恒久展示ビルが完成したのを機にその名も自動車殿堂と改められた。97年にはデトロイト近郊のディアボーンに殿堂ごと移動、今日に至っている。

答：③ 鈴木修

Point 日本人にとって、かのカール・ベンツやロバート・ボッシュ、エットーレ・ブガッティ、ウィリアム・デュラント、ヘンリー・フォードなどと並んで我が本田宗一郎や片山豊、豊田英二の名を発見できるのは誇り以外の何ものでもない。

Question 090

イギリスの2000ccエンジン搭載スポーツカー、ACエースをベースにフォード製V8の大排気量エンジンを搭載して誕生したのがコブラだが、その発案者で、フォードGT計画の重要人物となったのは？

①ダン・ガーニー

②ジョン・ワイア

③キャロル・シェルビー

④エリック・ブロードレイ

解説 キャロル・シェルビーはレーシングドライバーとして活躍したのち、ドライビングスクールとチューニングショップを開設。ACにV8エンジンを載せたコブラで成功し、フォードGTの計画に携わる。

コブラの発案者というだけでシェルビーに絞られるが、フォードGTが出てくるといずれの人物も少なからず関係してくるので間違いやすい。

ただ、正確にいえば、ジョン・ワイアがフォードGTと関わったのはごく一時期のみで、その多くはGT40である。

答：③ キャロル・シェルビー

Point コブラと関わったことでキャロル・シェルビーと限定できる。

Question 091

1980年代のアメリカ映画『クリスティーン』で意思を持つクルマとして登場する1958年製のクルマは？

| ①フォード・マスタング |
| ②プリムス・フューリ |
| ③キャデラック・エルドラード |
| ④シボレー・インパラ |

解説　映画の原作はスティーヴン・キングの同名の小説でそれをジョン・カーペンター監督が映画化した。野ざらしになったフューリとそれを蘇らせた少年との間に起こるさまざまな奇怪な出来事、そして悲しい結末、と決して楽しいストーリーではなくむしろ一種のホラー映画である。

答：② プリムス・フューリ

Point　全編クルマが主役という意味では珍しい映画である。登場するのは1958年型の赤いボディのフューリ。

Question 092

次のうち、先日行われた「フランクフルトモーターショー2007」で発表されたコンセプトカーは？

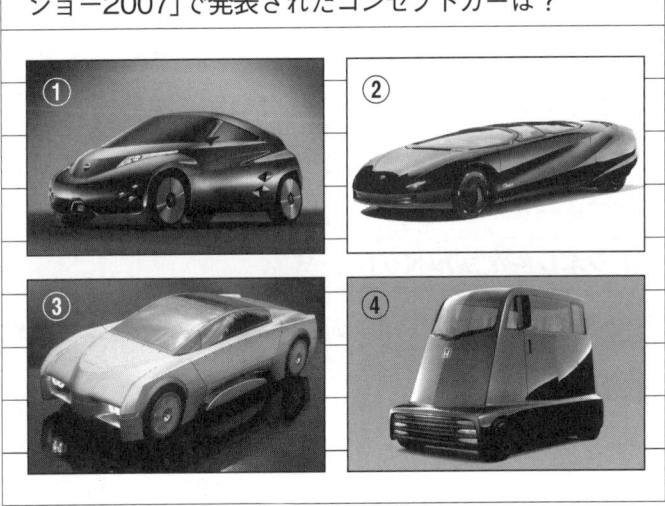

① ② ③ ④

解説 ②は1991年のトヨタ・アヴァロン、③は1997年の三菱HSR-Ⅵ、④は1999年のホンダ不夜城で、いずれも東京モーターショーに出品されたもの。①がフランクフルトショーに出品された日産のコンセプトカーMixim（ミクシム）。　　**答：①**

Point 東京モーターショー、パリサロン、フランクフルトショー、ジュネーブショー、デトロイトショーなどのメジャーなモーターショーの情報は常にチェックしておきたい。

第一回CAR検　解答＆解説／2級

Question 093

映画『ブリット』でスティーブ・マックイーンがスタントなしで操ったのはフォード・マスタング390GTだが、カーチェイスの相手は？

① プリマス・バラクーダ
② ダッジ・チャージャー
③ フォード・サンダーバード
④ シボレー・コルベット

解説　『ブリット』の市街地シーンでは全編スタントに頼らず自身がサンフランシスコの急坂をドライブし、その後のカーチェイスムービーに新境地を拓いたことで知られるし、『栄光のル・マン』ではガルフカラーのポルシェ917Kを操って迫真の演技を披露した。1968年のマスタング390GTは排ガス規制直前の全盛期。7リッターV8からホーリーの4バレルキャブ1基と10.9の圧縮比で395PSと63.6mkgを発揮した。

対するチャージャーも7リッターの最強モデルではカーター4バレル2基と10.25の圧縮比で実に431PSと67.8mkgに達した（いずれもSAE表記）。それでいてサスペンションは両者ともリアがリーフ・リジッドだったから、ロケではいかに腕と度胸が必要だったか容易に理解できよう。　**答：② ダッジ・チャージャー**

Point　自動車好きで有名な映画俳優はジェームス・ディーンをはじめジャン=ポール・ベルモンド、ポール・ニューマン等々少なくないが、なかでもスティーブ・マックイーンはその筆頭に挙げられていい。

Question 094

1960年代中頃に名神高速を管轄する愛知県警と京都府警にパトカーとして納入され、併走する新幹線並みの速さで睨みを利かせたクルマは？

| ①ロータス・エラン |
| ②ポルシェ912 |
| ③ダットサン・フェアレディ2000 |
| ④日産シルビア（初代） |

解説 1967年に愛知県警と京都府警に1台ずつ採用された。ポルシェ912は第三京浜国道などでもパトカーとして使われた。　　　　**答：② ポルシェ912**

Point 912は6気筒ではなく4気筒モデルだが、それでも新幹線並みの俊足だった。

第一回CAR検　解答＆解説／2級

Question 095

高速道路のキロポストを頼りに1kmを36秒ちょうどで走った時、その区間の平均速度は？
①36km/h
②72km/h
③100km/h
④平均速度では表せない

解説 速度計はタイヤの「動的有効半径」を係数のひとつとして算出されるため、機械的な誤差もさることながらタイヤの減りや空気圧、種類、サイズによっても影響を受けるからである。

正確に測るには専用の計測器を装着するが、簡便なものとして以下の方法がある。道路に設置された里程標(キロポスト。通常は路側帯のガードレールの下に控えめに付けられている)を利用して、一定の距離(例えば1km区間)を走るのに要した時間(例えば36.5秒)との関係でその間の(平均)速度(この例では実速98.6km/hとなる)を求めるのである。

これには可能な限り一定速度(メーター読みの100km/h)を保持し、また距離が変わってしまうため車線移動も避けなければならないから、実施に当たっては空いた道路で前後のクルマに注意して行う必要がある。　　　　　　**答：③100km/h**

Point 車載の速度計は構造上の問題から往々にして誤差があり、日本車の場合は速度違反を危惧してか、どちらかと言えば実際の速度より過大に(数字が大きく)表示されることが多い。

Question 096

次のうち、ポルシェ社と提携関係を持ち、ポルシェ製トラクターを扱っていた会社は？

①井関農機
②ヤンマー
③本田技研
④リョービ

解説　農業機械のメーカーである井関農機は、昭和37 (1962) 年にポルシェ社と代理店契約を結んでトラクターの輸入販売を開始する。翌38年には技術提携を行い、トラクターを共同開発した。

ポルシェは戦前に「ドイツ労働戦線」の依頼で農業用の小型トラクターを開発している。このタイプ110は、空冷式2気筒エンジンを搭載していた。

答：① 井関農機

Point　80年代には、グループCカーでレーシングチームをサポートし、「ISEKI トラスト・ポルシェ」としてポルシェ956Cを参戦させていた。

Question 097

普通免許で運転できるのは次のうちどれ？

① 定員11名のワゴン

② 最大積載量6トンのトラック

③ 小型特殊自動車

④ 普通自動車で総重量800kgのトレーラーを牽引する場合

解説
現在、第一種普通免許で運転できる自動車の種類は以下のとおり。1) 普通自動車、2) 小型特殊自動車、3) 原動機付き自転車。1) の普通自動車は次の条件をすべて満たすものと定義されている。

車両総重量5,000kg未満でかつ最大積載量3,000kg未満、乗車定員は運転手を含めて10人以下。このうち貨物車については「改正道路交通法」が施行される以前は車両総重量8,000kg未満かつ最大積載量5,000kg未満のものまで運転できたが、改正後は新たに設けられた「中型免許」の取得が必要になった。

ただし、改正前に取得していた普通免許は改正後も改正前と同じ内容（車両総重量8,000kg未満かつ最大積載量5,000kg未満かつ乗車定員10人以下）の限定条件を付された中型免許と見做され、運転することができる。

答：③ 小型特殊自動車

Point
中型免許で運転できる自動車（中型自動車）は車両総重量5,000kg以上11,000kg未満かつ最大積載量3,000kg以上6,500kg未満、乗車定員11人以上29人以下となっている。

Question 098

ドイツのアウトバーンは規制区間を除いて原則速度無制限だが、事故等の場合に備えて推奨最高速度が設けられている。その速度は？

① 100km/h

② 110km/h

③ 130km/h

④ 150km/h

解説　ドイツ語のアウトバーンは「自動車専用道路」を意味し、フランスのオートルートやイタリアのアウトストラーダ、イギリスのモーターウェイ、アメリカのフリーウェイなどと同義語。アウトバーンは事故等を起こし、その原因が速度超過と判明した場合はそれ故の過失責任を問われることもあるが、特定の規制区間を除いて原則速度無制限であることが最大の特徴だ。

オーストラリアの人口過疎地、ノーザンテリトリー（北部準州）でもつい最近速度制限が敷かれた結果、スピードマニアにとっては事実上世界で唯一大手を振って楽しめる桃源郷である。しかもアングロサクソン系の例に漏れず、通行料金は無料。したがって料金所もないが、2005年1月からは大型トラックに限って路車間通信による「対距離課金制度」が導入された。

いずれにせよ、この制度がドイツ車の高速性能向上に寄与しただろうことは疑いの余地がない。　　　　　　　　**答：③ 130km/h**

Point　ちなみに、アメリカの「ハイウェイ」は日本と違って高速道路や自動車専用道路ではなく、単に「幹線道路」を指す言葉。

Question 099

日本車で初めて油圧式アクティブ・サスペンションを採用した市販乗用車は？
①トヨタ・セリカ
②日産インフィニティQ45
③スバル・アルシオーネSVX
④ホンダ・レジェンド

解説 1989年9月に発表したトヨタ・セリカGT-FOURに300台の限定受注生産として油圧アクティブ・サスペンションを搭載したモデルが用意された。

インフィニティQ45にもオプション設定されたが、こちらは国内仕様のみの設定で10月に発表された。

答：① トヨタ・セリカ

Point 油圧アクティブサスペンションとは通常のバネとダンパーの代わりに油圧式のアクチュエーターを使い、センサーで路面状態を感知して、サスペンションをコンピューター制御する。

Question 100

ベルリンの壁が崩壊して東西ドイツが統合されたとき、旧東ドイツの象徴といわれたクルマは？

① タトラ

② シュコダ

③ ラーダ

④ トラバント

解説 トラバントは東ドイツで生産された小型大衆車である。東西冷戦時代、東側諸国の計画経済政策によって自動車工業は西側に大きく立ち後れてしまった。タトラはチェコの大型車、シュコダもチェコで、小型車を生産していたが現在はVW傘下となった。ラーダは旧ソビエトでオフロードモデルのニーヴァが日本でも一時注目を集めた。

答：④ トラバント

Point 旧東ドイツや旧チェコスロバキアではホルヒやタトラなど、戦前は先進的な設計のクルマを生産していたが、計画経済下で民需用の自動車はほとんど技術発展のないまま取り残された。

第1回 CAR検
自動車文化検定解答＆解説
2級・3級 全200問

初版発行	2008年3月20日
著者	自動車文化検定委員会
発行者	黒須雪子
発行所	株式会社二玄社
	〒101-8419
	東京都千代田区神田神保町2-2
営業部	〒113-0021
	東京都文京区本駒込6-2-1
	電話03-5395-0511
URL	http://www.nigensha.co.jp
装幀・本文デザイン	黒川デザイン事務所
印刷	株式会社　シナノ
製本	株式会社　積信堂

JCLS （株）日本著作出版権管理システム委託出版物
本書の無断複写は著作権法上の
例外を除き禁じられています。
複写希望される場合はそのつど事前に
（株）日本著作出版権管理システム
（電話03-3817-5670　FAX03-3815-8199）の
了承を得てください。
Printed in Japan
ISBN978-4-544-40025-0